U0351474

“十四五”国家重点出版物出版规划项目
民族文字出版专项资金资助项目

高原精灵科普丛书
昆虫家族篇
（汉藏对照）

GAO YUAN JING LING KE PU CONG SHU
KUN CHONG JIA ZU PIAN
(HAN ZANG DUI ZHAO)

༄། །མཐོ་སྒང་སྲོག་ཆགས་ཀྱི་ཤེས་བྱའི་དཔེ་ཚོགས།
འབུ་སྲིན་གྱི་ཁྱིམ་རྒྱུད་སྐོར།
(རྒྱ་བོད་ཤན་སྦྱར)

张同作　主编
陈振宁　编
觉乃 · 云才让　译

གཙོ་སྒྲིག ཀྲང་ཐུང་ཙུའོ།
རྩོམ་སྒྲིག ཁྲིན་ཀྲིན་ཉིང་།
བསྒྱུར་མཁན། ཅོ་ནེ་ཡུམ་ཚེ་རིང་།

青海人民出版社

图书在版编目（CIP）数据

高原精灵科普丛书. 昆虫家族篇 ： 汉藏对照 / 张同作主编 ； 陈振宁编 ； 觉乃·云才让译. -- 西宁 ： 青海人民出版社， 2024.10
ISBN 978-7-225-06670-7

Ⅰ. ①高… Ⅱ. ①张… ②陈… ③觉… Ⅲ. ①昆虫—青少年读物—汉、藏 Ⅳ. ①Q095-49 ②Q96-49

中国国家版本馆CIP数据核字（2023）第236547号

高原精灵科普丛书
昆虫家族篇（汉藏对照）
张同作 主编
陈振宁 编
觉乃·云才让 译

出 版 人 樊原成
出版发行 青海人民出版社有限责任公司
西宁市五四西路71号 邮政编码：810023 电话：（0971）6143426（总编室）
发行热线 （0971）6143516/6137730
网　　址 http://www.qhrmcbs.com
印　　刷 青海雅丰彩色印刷有限责任公司
经　　销 新华书店
开　　本 710mm×1020mm 1/16
印　　张 12.25
字　　数 150千
版　　次 2024年10月第1版 2024年10月第1次印刷
书　　号 ISBN 978-7-225-06670-7
定　　价 46.00元

《昆虫家族篇》
编委会

《འབྲུ་སྨིན་གྱི་ཁྲིམ་རྒྱུད་སྐོར》

རྩོམ་སྒྲིག་ཨུ་ཡོན་ལྷན་ཁང་།

རྩོམ་སྒྲིག་པ། ཁྲིན་གྲིན་ཉིང་།

རྩོམ་སྒྲིག་མི་སྣ། པའེ་ཞིང་ལུང་། པའོ་མེན། ཁྲིན་ཧྲུའེ་ཝང་། ཁྲིན་ཞའོ་ཡུའེ། ཁྲིན་གྲིན་ཉིང་། ཏ་མགྲིན་མཚོ།
ཧན་ཅུན། ཧན་རྨ་ཀྲུང་། ཧན་ཧྲུའེ་ལིན། ཧོ་གྲི་རྨང་། ཅ་སྟེང་ལུང་། ཅང་ལི་ཡུན།
ལིའང་ཧྲུང་པིན། ལིའུ་དབྱི་གྲོའུ། ལུང་ཡུས་ལེན། ལུའོ་ཅ་ཤེན། ལུའི་ལིའང་། མ་ཨན་ཁའེ།
མ་ཀྲུན་ཞེན། ཆའོ་ཀེ་ཝ། ཏྲི་ཧྲུང་ལིའང་། སུན་ཁྲང་ཧའེ། ཕང་ཅི་ཝང་། ཕང་གྲེན་དབྱེན།
ཕེ་མེ་ཚོ། ཞེ་གོང་ལིན། ཤེང་ལུང་ཧྭ། ཞུའེ་ཕན་ལུང་། དབྱང་མའོ་ཧྭ། ཀྲང་ལི།
ཀྲང་ལིའུ། ཀྲང་པའེ་ཧྲུའེ། ཀྲང་ཁྲུན་ཟེན། ཀྲང་ཆང་ཡོན། ཀྲང་ཝང་ཅུན། ཀྲང་ཡ་ཧྲུའེ།
གྲོའུ་ཁྲང་ཧྭ།

པར་ལེན་པ། པའེ་ཞིང་ལུང་། ཁྲིན་ཁའེ། ཁྲིན་གྲིན་ཉིང་། གོ་ཞིན་ཡུས། ཧན་ན། ཧན་རྨ་ཀྲུང་།
ཧན་ཧྲུའེ་ལིན། ཅ་སྟེང་ལུང་། ཅང་ཡན། ཅང་ལི་ཡུན། ཅང་ཀྲུའོ་ཡན། ལིའུ་དབྱི་གྲོའུ།
ལུའི་ལིའང་། མ་ཀྲུན་ཞེན། མའེ་རྩུའུ་ཆེ། པེང་ལང་། ཆའོ་ཀེ་ཝ། སུན་ཁྲང་ཧའེ།
ཕང་ཅི་ཝང་། ཕང་ཡུའེ་པང་། ཕེ་མེ་ཚོ། ཞེ་གོང་ལིན། ཡན་ཕེ་སྟེང་། དབྱང་ཧྲུའེ།
དབྱེན་ཕུན་ཆེ། ཀྲང་རྨིན། ཀྲང་པའེ་ཧྲུའེ། ཀྲང་ཁྲུན་ཟེན། ཀྲང་ཡ་ཧྲུའེ།

前　言

青藏高原孕育了大量适应高寒极端环境的特殊昆虫类群及区系成分，属于中国昆虫地理区系中的青藏区系，昆虫种类具有明显的青藏高原特色。1949 年以前，已有关于青藏高原昆虫的调查研究，主要为国内外少数昆虫学家和传教士进行昆虫标本的采集和调查,但文献资料极少。1950 年以后，青藏高原吸引了国内外科学工作者的高度重视和深入研究，出版了大量昆虫著作。

青藏高原地域辽阔，地理环境、气候条件等差异很大，昆虫种类繁多，代表性昆虫较多，本书精选出 50 种仅分布于青藏高原的昆虫，隶属于 8 目 24 科 44 属，其中国家二级重点保护动物 1 种。书中以简练的文字描述了昆虫的形态特征、分布，以精美的图片向人们展示了青藏高原昆虫的概貌，是一本融科学性、知识性、艺术性和鉴赏性为一体的图文并茂的科普图书。

由于编写时间紧，难免有错漏不足之处，恳请各界人士、各位读者批评指正。

特别感谢淡痣低突叶蜂的图片提供者中南林业科技大学魏美才教授。

编者

2024 年 1 月

གླེང་གཞི།

མདོ་དབུས་མཐོ་སྒང་ནི་ས་བབ་མཐོ་ཞིང་གྲང་ངར་ཆེ་བའི་ཁོར་ཡུག་ཅིག་ཡིན་པས་དེ་ཙ་དེ་དང་འཚམ་པའི་དམིགས་བསལ་གྱི་འབུ་སྲིན་རིགས་ཀྱི་འཁོར་ཚོགས་དང་ས་ཁོངས་ཀྱི་གྲུབ་ཆ་མང་པོ་ཡོད་ཅིང་། དེ་ནི་ཀྲུང་གོའི་འབུ་སྲིན་ས་གཤིས་ཁུལ་གྱི་ཁོངས་སུ་གཏོགས་པའི་མདོ་དབུས་ཀྱི་ཁུལ་ཁོངས་ཡིན་པ་དང་འབུ་སྲིན་གྱི་རིགས་ལ་མདོ་དབུས་མཐོ་སྒང་གི་ཁྱད་ཆོས་མངོན་གསལ་དོད་པོ་ལྡན་ཡོད། 1949ལོའི་སྔོན་ནས་མདོ་དབུས་མཐོ་སྒང་གི་འབུ་སྲིན་སྐོར་ལ་བརྟག་དཔྱད་ཞིབ་འཇུག་བྱེད་མཁན་ཡོད་ཅིང་། གཙོ་བོ་ནི་རྒྱལ་ཁབ་ཕྱི་ནང་གི་འབུ་སྲིན་རིག་པ་བ་དང་ཆོས་སྤེལ་བ་ཉུང་ཤས་ཤིག་གིས་འབུ་སྲིན་གྱི་མ་དཔེ་འཚོལ་སྡུད་བྱས་པ་དང་དེ་ལ་བརྟག་དཔྱད་བྱེད་སྤྱོད་ཡོད་མོད། འོན་ཀྱང་འབུ་སྲིད་སྐོར་གྱི་ཚད་ལྡན་ཡིག་ཆའམ་འབྲེལ་ཡོད་རྒྱུ་ཆ་ཤིན་ཏུ་དཀོན། 1950ལོ་ནས་བཟུང་མདོ་དབུས་མཐོ་སྒང་གི་འབུ་སྲིན་རིགས་ཀྱིས་རྒྱལ་ཁབ་ཕྱི་ནང་གི་ཚན་རིག་ལས་དོན་པའི་ཡིད་དབང་བཀུག་པས། དེ་ལ་ཚད་མཐོའི་མཐོང་ཆེན་དང་ཞིབ་འཇུག་གཏིང་ཟབ་བྱེད་མཁན་ཧེ་མང་ཡིན་པ་དང་ཆབས་ཅིག་ཏུ་འབུ་སྲིན་སྐོར་ལ་ཞིབ་འཇུག་བྱེད་པའི་གསུང་རྩོམ་མི་ཉུང་བ་ཞིག་དཔེ་སྐྲུན་བྱས།

མདོ་དབུས་མཐོ་སྒང་གི་ཡུལ་ཁམས་རྒྱ་ཆེ་ཞིང་། ས་གཤིས་ཁོར་ཡུག་དང་གནམ་གཤིས་ཆ་རྐྱེན་སོགས་ཀྱི་ཧེ་བག་ཏ་ཙང་ཆེ་བའི་རྐྱེན་གྱིས་དེ་ཙ་འབུ་སྲིན་རིགས་མང་པོ་ཡོད་ལ། ཁྱད་པར་དུ་མཚོན་བྱེད་རང་བཞིན་གྱི་འབུ་སྲིན་མང་པོ་ཡོད་པ་རེད། དེབ་འདིའི་ནང་མདོ་དབུས་མཐོ་སྒང་དུ་ཁྱབ་པའི་འབུ་སྲིན་རིགས50བདམས་ཡོད་པ་དེ་དག་སྡེ་ཁག8དང་ཚན་པ24ཡི་ཁོངས44རུ་གཏོགས་ལ། དེའི་ཁྲོད་དུ་རྒྱལ་ཁབ་ཀྱི་རིམ་པ་གཉིས་པའི་གཙོ་གནད་སྲུང་སྐྱོབ་སྲོག་ཆགས་རིགས1ཡོད། དེབ་འདིའི་ནང་དུ་ཁ་གསལ་ཚིག་ཉུང་གིས་འབུ་སྲིན་གྱི་གཟུགས་དབྱིབས་ཁྱད་ཆོས་དང་། སྐྱེ་ཁམས་གོམས་གཤིས། ས་ཁམས་ཁྱབ་ཚུལ་སོགས་བྲིས་

ཡོད་ཅིང་། པར་རིས་སྤྲུས་ལེགས་ཀྱི་ཐོག་ནས་མི་རྣམས་ལ་མདོ་དབུས་མཐོ་སྒང་གི་འབྱུ་སྲིན་གྱི་རྣམ་པ་རགས་ཙམ་བསྟན་ཡོད། འདི་ནི་ཚན་རིག་རང་བཞིན་དང་ཤེས་བྱའི་རང་བཞིན། སྒྱུ་རྩལ་རང་བཞིན། དཔྱད་རོལ་རང་བཞིན་བཅས་གཞི་གཅིག་ཏུ་འདུས་པའི་དཔེ་རིས་ཟུང་འབྲེལ་བྱས་པའི་ཚན་རིག་ཁྱབ་གདལ་གྱི་དཔེ་དེབ་ཅིག་ཡིན།

རྩོམ་སྒྲིག་གི་དུས་ཡུན་ཐུང་བའི་ཁར་ཆུ་ཚད་ཞན་པ་སོགས་ཀྱི་སྐྱོན་ཆ་ཡོད་སྲིད་པས་ལས་རིགས་ཁག་གི་མི་སྣ་དང་ཀློག་པ་པོ་རྣམས་ཀྱིས་སྐྱོན་བརྗོད་དང་མཚུབ་སྟོན་གནང་བའི་རེ་བ་ཡང་ཡང་ཞུ་རྒྱུ་ཡིན།

ལྷག་པར་དུ་སྨི་ཞུང་དམའ་འབུར་ལོ་སྦྲང་གི་པར་རིས་མཁོ་འདོན་བྱེད་མཁན་ཀུང་ནན་ནགས་ལས་ཚན་རྩལ་སློབ་ཆེན་གྱི་དགེ་རྒན་ཆེ་མོ་བ་ཕུའེ་མེ་ཚའི་ལ་ཐུགས་རྗེ་ཆེ་ཞུ།

རྩོམ་སྒྲིག་པས།

2024ལོའི་ཟླ1པར།

目　录

蜉蝣目 Ephemeroptera
四节蜉科 Baetidae

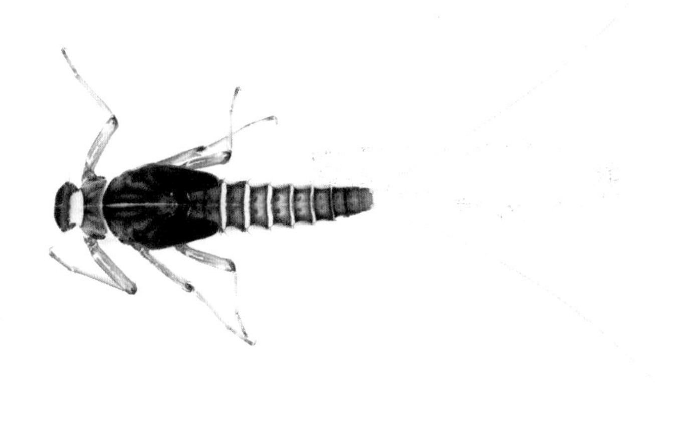

1. 具缘花翅蜉 *Baetiella marginata*（Braasch，1983）

识别特征：稚虫体长一般在 10 毫米以内，身体较扁，腹部背板褐色，三角形；腹部末端的两根尾须发育良好，中尾丝较短，不及两侧尾须的十分之一；足向侧面伸展。成虫复眼红色；前翅有成对的缘闰脉，横脉无色；无后翅；雄性尾铗第 2 节中部明显收缩；尾丝 2 根。

生态习性：稚虫生活于高山峡谷缓流中，常见附着于流水中的石上；成虫羽化后出现在水边石上或附近空中飞行。

分布范围：中国青海、西藏；日本；尼泊尔。

ཉི་ཚེ་བའི་སྲེ་ཁག Ephemeroptera
ཚེགས་བཞིའི་ཉི་ཚེ་བའི་ཚན་པ། Baetidae

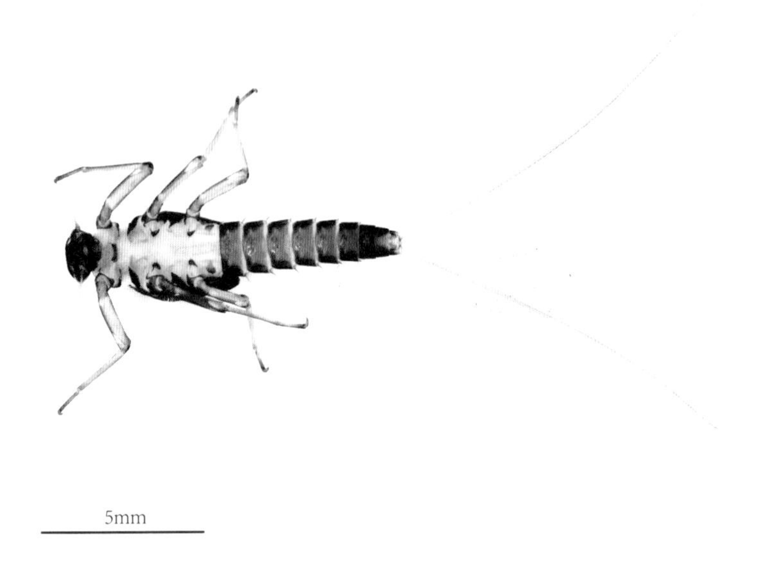

1. མཐའ་དམར་གཤོག་ཁྲའི་ཉི་ཚེ་བ། *Baetiella marginata*（Braasch，1983）

དབྱེ་འབྱེད་ཁྱད་ཆོས། འབུ་ཕྲུག་གི་གཟུགས་པོའི་རིང་ཚད་སྤྱིར་བཏང་དུ་ཧའོ་སྨི10ཡི་ནང་ཚུན་ཡིན་པ་དང་། ལུས་པོ་ཙུང་ལེབ་མོ་ཡིན་ལ་གསུམ་པའི་རྒྱབ་ཀྱི་མདོག་ཁམ་ཁམ་དང་དབྱིབས་ཟུར་གསུམ་ཡིན་ཏེ། གསུམ་པའི་སྣེ་མོའི་མཇུག་མ་སྐྱེ་འབྲས་མཚར་བ་དང་དཀྱིལ་མཇུག་གི་སྤུ་ཕྲེང་བས་གཞོགས་གཉིས་ཀྱི་མཇུག་མའི་སྤུ་ཡི་བཅུ་ཆ་གཅིག་ཀྱང་མི་ལང་། རྐང་བ་གཞོགས་ངོས་སུ་བརྐྱངས་ཡོད། འབུ་དར་མའི་ཚོགས་མིག་དམར་པོ་ཡིན་ལ། གཤོག་པ་སྔོན་མ་ཏུ་ཆ་ཅན་གྱི་སྨུ་ཏུ་ཆགས་ཡོད། འཕྱེད་རྩ་ལ་མདོག་མེད་པ་དང་རྒྱབ་གཤོག་ཀྱང་མེད། ཕོ་རིགས་ཀྱི་ཛ་མའི་ཚོགས2དབུས་མངོན་གསལ་གྱིས་སྐུམ་པ་དང་མཇུག་སྐུད་རྐང2ཡིན།

སྐྱེ་ཁམས་གོམས་གཤིས། འབུ་ཕྲུག་ནི་རི་མཐོན་པོ་དང་གྲོག་རོང་གི་བཞུར་རྒྱུན་ཁྲོད་དུ་གནས་ཤིང་། རྒྱུན་དུ་ཆུ་འགྲམ་གྱི་རྡོའི་བར་དུ་གནས་ཡོད། འབུ་དར་མར་འགྱུར་རྗེས་ཆུའི་འགྲམ་གྱི་རྡོའི་སྟེང་དང་ཉེ་འགྲམ་གྱི་བར་སྣང་དུ་འཕུར་བཞིན་ཡོད།

ས་ཁམས་ཁྱབ་ཚུལ། ཀྲུང་གོའི་མཚོ་སྔོན་དང་བོད་ལྗོངས། འཛར་པན་དང་ནེ་པ་ལ་སོགས་ཡིན།

2. 昂欠原金蝗 *Eokingdonella angqianensis*（Chen *et* Zheng，2009）

识别特征：雄性体中小型，体长 16.5—18.4 毫米。颜面侧观略向后倾斜，与头顶形成钝圆形，颜面隆起在近头顶处略缩狭，全长明显呈沟状。头顶向前倾斜，顶端明显凹陷，同颜面隆起的纵沟相连，隆起的边缘较宽。复眼卵圆形。触角丝状，末端超过前胸背板后缘。前胸背板前缘略突出，中央具小凹口，后缘中央内凹；中隆线全长明显，侧隆线粗壮，全长明显，在前部近于平行，在沟后区前部增粗，稍张开；后横沟位于前胸背板后部，沟前区为沟后区长的 2.6 倍，3 条横沟均明显，前横沟不切断中隆线，中横沟与后横沟明显切断中隆线。前胸腹板突圆锥形，基部粗，端部稍尖。中胸腹板侧叶较宽。完全无翅。腹部鼓膜器大而明显。腹部末节背板后缘具 1 对小三角形尾片。肛上板长，顶狭圆。尾须锥形，较短，不到达肛上板的末端。下生殖板较大，端部较突出。

雌性体中型,较粗壮,体长 23—26 毫米。复眼卵圆形,其纵径大于横径，等于眼下沟长。中胸腹板中隔宽为后胸中隔宽的 1.4 倍，中胸腹板侧叶的最大宽度为长的 1.8 倍。后足胫节外侧具刺 8 个，内侧具刺 9 个；外端刺小于内端刺。肛上板宽三角形，顶钝圆。产卵瓣狭长，端部尖细，末端钝，上产卵瓣上外缘具细齿，下产卵瓣基部具齿状突起。其余同雄性。

体橄榄绿色或棕褐色。触角黄褐色，端部黑褐色。眼后带不明显。前胸背板侧隆线略呈淡黄色或不明显。上部墨绿色，后下角黄色。后足股节下侧基部 2/3 红色，端部 1/3 黑色。后足胫节蓝黑色，近基部具淡色环纹。胫节刺顶端黑色，基部黄白色，跗节橙黄色。

生态习性：主要生活在海拔 3800 米以上的草原地带。成虫出现在 7 月上旬以后，8 月中下旬交配产卵。以卵越冬且每年发生一代。

分布范围：中国青海。

ཐད་གཞོག་སྒྲོ་ཁག Orthoptera
རྐང་ཕྲ་ཆ་ག་པའི་ཚན་པ། Catantopidae

2. ཨང་ཆན་གསེར་གྱི་ཆ་ག་པ། *Eokingdonlela angqianensis*（Chen *et* Zheng, 2009）

དབྱེ་འབྱེད་ཁྱད་ཆོས། ཕོ་རིགས་ཀྱི་ལུས་ནི་འབྲིང་ཆུང་གི་གྲས་ཡིན་ལ་ལུས་པོའི་རིང་ཚད་ནི་ཧའོ་སྨི 16.5—18.4ཡིན། ངོ་གཞོགས་ཙུང་རྒྱབ་ཕྱོགས་སུ་གསེག་ཡོད་པས་ རླད་དཀྱིལ་དང་རྟུལ་གོར་ཆགས་པ་དང་། གདོང་ངོས་ཡར་འབུར་ནས་རླད་དཀྱིལ་ལ་ཐོན་དུས་ཙུང་ངོག་པོར་གྱུར། སྤྱིའི་རིང་ཚད་མངོན་གསལ་གྱིས་ཤུར་དབྱིབས་སུ་གྲུབ་ཡོད། མགོ་བོ་མདུན་ཕྱོགས་སུ་གསེག་ཅིང་། རྩེ་མོ་མངོན་གསལ་གྱིས་ཞུམ་པ་དང་། ངོ་ཡར་འབུར་བའི་གཞུང་གི་ཤུར་དང་འབྲེལ་ཞིང་། ཡར་འབུར་བའི་མཐའ་ཙུང་ཡངས་ཤིང་། མིག་ནི་སྒོར་དབྱིབས་ཡིན། རེག་རྭ་དར་སྐུད་ཀྱི་དབྱིབས་ཡིན་ལ་སྣེ་ནི་བྲང་གི་རྒྱབ་པང་དང་རྒྱབ་ཀྱི་མཐའ་ལས་བརྒལ། བྲང་མདུན་རྒྱབ་པང་གི་མདུན་མཐའ་ཙུང་འབུར་ཐོན་ཡིན་པ་དང་། དཀྱིལ་དུ་གོང་ཆུང་དང་རྒྱབ་སྣེ་ཡི་དཀྱིལ་དུ་ནང་གཤོང་ཡོད། བར་གྱི་འབུར་ཐིག་གི་རིང་ཚད་མངོན་གསལ་དོད་ཅིང་། གཞོགས་ངོས་ཀྱི་འབུར་ཐིག་སྲོམ་ཞིང་ཆེ་བ་དང་། སྤྱིའི་རིང་ཚད་མངོན་གསལ་ཡིན་ལ། མདུན་ཕྱོགས་ནི་མཉམ་འགྲོ་ཡིན་པ་དང་། གྲོག་རྒྱབ་ཁུལ་གྱི་མདུན་ཕྱོགས་སུ་ཇེ་སྲོམ་དུ་སོང་བ་དང་མཉམ་དུ་ཕྱི་རུ་བརྐྱངས་ཡོད། རྒྱབ་ངོས་ཀྱི་

འཕྲེད་ཤུར་ནི་བྱང་རྒྱབ་ཀྱི་རྒྱབ་ཕྱེལ་དུ་གནས་ཤིང་། ཤུར་མདུན་ཕྱེལ་གྱི་རིང་ཚད་ནི་ཤུར་རྗེས་ཕྱེལ་གྱི་ལྡབ2.6ཡིན་པ་དང་། འཕྲེད་ཤུར3ཚང་མ་མངོན་གསལ་ཡིན། མདུན་གྱི་འཕྲེད་ཤུར་གྱིས་བར་གྱི་འབུར་ཐིག་མི་གཅོད་པར། བར་འཕྲེད་ཤུར་དང་རྒྱབ་ཤུར་གྱིས་བར་གྱི་འབུར་ཐིག་མངོན་གསལ་གྱིས་བཅད་ཡོད། བྲང་མདུན་གྱི་གསུམ་པང་གི་འབུར་སྒོར་དབྱིབས་ཡིན་པ་དང་། རྩ་བ་སྦོམ་ཞིང་རྩེ་མོ་ཐུང་ཟད་ཕྲ། བྲང་དཀྱིལ་གསུམ་པའི་གཞོགས་ངོས་ཐུང་ཆེ་ཞིང་གཤོག་པ་མེད་ལ། གསུམ་པའི་ཛ་སྐྱི་ཆེ་ལ་མངོན་གསལ་ཡིན། གསུམ་པའི་མཇུག་མཐའི་རྒྱབ་ཀྱི་མཐའ་ལ་ཟུར་གསུམ་དབྱིབས་ཆུང་བའི་མཇུག་ལེབ་ཆ་གཅིག་ཡོད། བཤང་ལམ་སྙེང་གི་པང་ལེབ་རིང་བ་དང་སྙེང་གི་ཞེང་ཆུང་། མཇུག་མའི་དབྱིབས་ནི་གཏོར་གཟུགས་ཡིན་ལ་ཐུང་ཐུང་བས། གཤང་ལམ་སྙེང་གི་པང་ལེབ་ཀྱི་མཇུག་ཏུ་སླེབས་མེད། སྨད་ཀྱི་སྐྱི་འཕེལ་མཚན་མའི་པང་ལེབ་ཐུང་ཆེ་ཞིང་སྣེ་ཐུང་འབུར་ཐོན་ཡིན།

མོ་རིགས་ཀྱི་ལུས་ནི་འབྲིང་བ་ཡིན་ལ་ཐུང་སྦོམ་པོ་ཞིག་ཡིན། གཟུགས་ཀྱི་རིང་ཚད་ལ་ལི་སྨི23—26ཡིན། མིག་ཚོགས་སྒོར་དབྱིབས་ཡིན་ལ། གཞུང་གི་ཚངས་ཐིག་འཕྲེད་ཀྱི་ཚངས་ཐིག་ལས་ཆེ་བས། མིག་ལྟའི་ཤུར་གྱི་རིང་ཚད་དང་མཚུངས། བྲང་དཀྱིལ་གསུམ་པང་གི་ཞེང་ཚད་ནི་རྒྱབ་དང་བྲང་གི་ཞེང་ཚད་ཀྱི་ལྡབ1.4ཡིན། བྲང་དཀྱིལ་གསུམ་ལེབ་གཞོགས་ཀྱི་ཞེང་ཚད་ནི་རིང་ཚད་ཀྱི་ལྡབ1.8ཡིན། རྐང་ངར་ཚིགས་ཀྱི་ཕྱི་གཞོགས་ལ་ཚེར་མ8དང་ནང་ངོས་ལ་ཚེར་མ9ཡོད། ཕྱི་སྣེའི་ཚེར་མ་དེ་ནང་སྣེའི་ཚེར་མ་ལས་ཆུང་བ་ཡོད། བཤང་སྙེང་གི་པང་ལེབ་ནི་ཟུར་གསུམ་དབྱིབས་དང་གཏོར་དབྱིབས་ཡིན་ལ། སྒོ་ང་གཏོང་བའི་འདབ་མ་དོག་ཅིང་རིང་ལ་རྩེ་མོ་རྣོན་པོ་ཡིན། སྒོ་ང་གཏོང་བའི་འདབ་མ་དང་ཕྱི་སྙེང་གི་མཐའ་ལ་སོ་ཕྲ་མོ་ཡོད། སྒོ་ང་གཏོང་བའི་འདབ་མའི་རྩ་བའི་སོ་དབྱིབས་འབུར་དུ་ཐོན་ཡོད། དེ་མིན་ཁྱིམ་ཕོ་དང་འདྲ།

མདོག་ལྗང་ཁུའམ་ཁམ་མདོག རེག་རྣ་ཁམ་སེར་དང་སྣེ་སྨུག་མདོག་ཡིན་ལ། མིག་གི་རྒྱབ་ཕྱེལ་མངོན་གསལ་མིན། བྲང་མདུན་གྱི་རྒྱབ་པང་གཞོགས་ཀྱི་འབྲུག་ཐིག་ནི་ཐུང་སེར་པོ་ཡིན་པའམ་ཡང་ན་མངོན་གསལ་མིན། སྟོད་ཀྱི་མདོག་ནི་ལྗང་ཁུ་དང་རྒྱབ་སེར་པོ་རེད། རྐང་ཚིགས་ཕྱི་མའི་འོག་རྩ་ཡི2/3དམར་པོ་ཡིན་པ་དང་། སྣེ་ཕྱེལ་གྱི1/3ནག་པོ་ཡིན། རྐང་པའི་རྒྱབ་ཀྱི་རྐང་ངར་གྱི་ཁ་དོག་ནག་པོ་ཡིན་པ་དང་། རྩ་བ་དང་ཉེ་བའི་ཁ་དོག་ནི་སྐྱབ་མོ་ཡིན་ལ་དེའི་སྟེང་སྒོར་རིས་ཤིག་ཡོད། རྗེ་ངར་ཆེ་བའི་ཚེར་མ་ཡི་རྩེ་མོ་ནག་པོ་ཡིན།

སྐྱེ་ཁམས་གོམས་གཤིས། གཅིག་བོར་ས་བབ་མཐོ་ཚད་སྨི3800ཡན་གྱི་རྩྭ་ཐང་དུ་གནས་ཡོད། འབྱུ་དར་མ་དེ་ཟླ7པའི་སྟོད་ནས་བཟུང་། ཟླ8པའི་ཟླ་དཀྱིལ་དང་ཟླ་སྨད་དུ་ལུས་སྤྱོར་བྱས་ནས་སྒོ་ང་གཏོང་གིན་ཡོད། སྒོ་ང་ལས་དགུན་སྲོལ་ཐུབ་པར་མ་ཟད། ལོ་རེར་རབས་གཅིག་ཐོན་གྱིན་ཡོད།

ས་ཁམས་ཁྱབ་ཚུལ། ཀྲུང་གོའི་མཚོ་སྔོན།

3. 西藏飞蝗 *Locusta migratoria tibetensis*（Chen，1963）

识别特征：雄性体形较大，但又是在我国分布的三个亚种中个体最小的一个亚种，体长 25.2—32.8 毫米，前翅长 28.4—35.6 毫米。头大而短，较短于前胸背板。颜面微倾斜，颜面隆起宽平，仅在中眼处略凹，侧缘几乎平行，较钝。头顶宽短，顶端钝圆，侧缘隆线明显，前缘无隆线，顶端和颜面隆起的上端相连接，中央具有纵隆线，但有时不甚明显。头侧窝消失。触角丝状，24—26 节，超过前胸背板的后缘。复眼卵形，其纵径大于横径。前胸背板中隆线明显隆起，侧面观微呈弧形：侧隆线在沟前区消失，在沟后区略可见，后横沟切断中隆线，沟后区略长于沟前区；前缘中部略向前突出，后缘呈直角形，顶端较圆。前胸腹板平坦。中胸腹板侧叶间的中隔长较大于宽。前、后翅均发达，超过后足胫节的中部，中脉域的中闰脉较接近肘脉，远离中脉，中闰脉上具发音齿。后翅略短于前翅。鼓膜器发达，鼓膜片覆盖鼓膜孔的 1/2 以上。后足股节匀称，长为最大宽度的 3.7—5 倍，平均 4.2 倍，上基片长于下基片，上侧中隆线具细齿，后足胫节内侧具刺 9—12 个，常为 11 个，外侧具刺 9—14 个，常为 10 个，缺外端刺。跗节爪间中垫较短，路不到达爪之中部。下生殖板短锥形，顶端较狭。

体色黄褐色，有时带绿色。复眼后方有一条较狭的黄色纵纹，其上、下常有褐色条纹镶嵌。前胸背板中隆线两侧常有暗色纵条纹，侧片中部常具暗斑。前翅散布明显的暗色斑纹。后翅透明，基部略染浅黄色，无暗色斑纹。后足股节内侧黑色，近端部处有一完整的淡色斑纹，近中部下隆线之上具一淡色斑，后足股节内侧下隆线与下隆线之间在其全长近 1/2 处皆为黑色。后足胫节橘红色。

雌性体较大而粗壮，体长 38.0—52.0 毫米，前翅长 40.0—46.9 毫米。颜面垂直。产卵瓣粗短，顶端略呈钩状，边缘光滑无细齿。其余相似于雄性。

生态习性：主要生活在河流两岸、湖泊沿岸或河流汇集的三角洲与草滩地带，也在山麓草丛、林间草地以及青稞田或菜园的禾本科草丛中活动。成虫最早出现在 7 月上中旬，8 月中下旬交配产卵。以卵越冬且每年发生一代。

分布范围：中国西藏、青海。

འདབ་གཤོག་སྲེ་ཁག Orthoptera
གཤོག་ཁྲ་ཆ་ག་པའི་ཚན་པ། Oedipodidae

3. བོད་ཀྱི་ཆ་ག་པ། *Locusta migratoria tibetensis* (Chen, 1963)

དབྱེ་འབྱེད་ཁྱད་ཆོས། ཕོ་རིགས་ཀྱི་གཟུགས་དབྱིབས་ཅུང་ཆེ་མོད། འོན་ཀྱང་རང་རྒྱལ་དུ་ཁྱབ་པའི་རིགས་རྒྱུད་འབྲིང་བ་གསུམ་གྱི་ཁྲོད་ཀྱི་གཟུགས་ཕུང་ཆེས་ཆུང་བའི་རིགས་རྒྱུད་འབྲིང་བ་ཡིན། གཟུགས་པོའི་རིང་ཚད་ནི་ཧ་འོ་སྨི25.2—32.8ཡིན་པ་དང་། མདུན་གཤོག་གི་རིང་ཚད་ནི་ཧ་འོ་སྨི28.4—35.6ཡིན། མགོ་ཆེ་ཞིང་ཟླུང་བ་དང་། དེ་ནི་བྲང་དང་རྒྱབ་ལས་ཟླུང་། གདོང་ཅུང་གསེག་ཅིང་གདོང་ཞེང་སྐྱོམས་པ་དང་། མིག་གི་དཀྱིལ་ཅུང་ནང་དུ་ཧྲིབ་ཡོད། གཞོགས་མཐའ་ནི་ཕལ་ཆེར་མཉམ་འགྲོ་ཡིན་པ་དང་ཅུང་རྣོན་པོ་ཞིག་ཡིན། མགོ་ཞིང་ཟླུང་བ་དང་རྩེ་མོ་ཏུལ་སྒོར་ཡིན་ལ། ཟུར་སྒྲེ་ཡི་འབུར་ཐིག་མངོན་གསལ་ཡིན། མདུན་སྒྲེ་ཏུ་འབུར་ཐིག་མེད་པ་དང་། རྩེ་མོ་དང་གདོང་ངོས་ཡར་འབུར་བའི་གོང་སྒྲེ་སྒྲིལ་ཡོད། དཀྱིལ་དུ་གཞུང་སྐུད་ཡོད་མོད། འོན་ཀྱང་མཚམས་རེར་མངོན་གསལ་དེ་ཙམ་མེད། མགོ་གཞོགས་ཀྱི་ཚང་མེད་ལ་རེག་ར་ཕྲ་མོའི་དབྱིབས་ཀྱི་ཚིགས24—26ཡོད་ལ། བྲང་མདུན་རྒྱབ་པང་གི་རྒྱབ་སྒྲེ་ལས་བརྒལ་ཡོད། ཚིགས་མིག་གི་

དབྱིབས་ནི་སྔོང་དབྱིབས་ཡིན་ལ་གཞུང་གི་ཚངས་ཐིག་ནི་འཕྲེད་ཀྱི་ཚངས་ཐིག་ལས་ཆེ། མདུན་བྲང་རྒྱབ་པང་གི་བར་གྱི་འབུར་ཐིག་མངོན་གསལ་དོད་པོས་འབུར་ཡོད་པ་དང་། གཞོགས་ངོས་ནས་བལྟས་ན་དེ་ནི་གཞུ་དབྱིབས་སུ་སྣང་། གཞོགས་ཀྱི་འབུར་ཐིག་དེ་ཤུར་གྱི་མདུན་ཁུལ་དུ་མེད་པར་གྱུར་པ་དང་། ཤུར་རྒྱབ་ཏུ་ཅུང་མཐོང་རྒྱུ་ཡོད། རྒྱབ་ཀྱི་འཕྲེད་ཤུར་གྱིས་བར་གྱི་འབུར་ཐིག་བཅད་ཡོད། གྲོག་རྒྱབ་ཁུལ་ནི་ཤུར་གྱི་མདུན་ཁུལ་ལས་རིང་བ་ཡིན། མདུན་སྣེའི་དབུས་ནི་ཅུང་འབུར་ཐོན་ཡིན་པ་དང་། རྒྱབ་ཀྱི་སྣེ་ནི་དྲང་ཟུར་གྱི་དབྱིབས་ཡིན་ལ། རྗེ་མོ་ནི་ཅུང་སྒོར་དབྱིབས་ཡིན། བྲང་མདུན་གསུམ་ལེབ་སྐམས་པོ་ཡིན་པ་དང་། བྲང་དཀྱིལ་གསུམ་པང་དང་གཞོགས་འདབ་བར་གྱི་བར་ཆོད་རིང་ཐུང་ནི་ཞེང་ཚད་ལས་ཆེ། མདུན་དང་རྒྱབ་གཤོག་གཉིས་ཀ་རྒྱས་ཤིང་། རྐང་པ་དང་རྗེ་ངར་ཆེ་བའི་དཀྱིལ་ལས་བརྒྱལ། དཀྱིལ་རྩ་ནི་ཕྲུ་མོའི་རྩ་དང་ཅུང་ཉེ་ལ། དཀྱིལ་རྩ་དང་ཐག་རིང་བ་དང་བར་དར་གྱི་སྟེང་དུ་སྦྲ་འབྱིན་པ་ཡིན། གཤོག་པ་ཕྱི་མ་ནི་སྔོན་གྱི་གཤོག་པ་ལས་ཐུང་། ཛ་སྐྱིའི་དབང་ཚོར་དར་ཞིང་། ཛ་སྐྱི་ལེབ་མོས་ཛ་སྐྱིའི་ཁུང་གི1/2ཡན་ཁེབས་ཡོད། རྐང་ཚིགས་ཕྱི་མ་ཆ་སྐམས་ཡིན་ལ། ཞེང་ཚད་ཆེས་ཆེ་བའི་ལྡབ3.7—5ཡིན། ཆ་སྐམས་ཀྱིས་ལྡབ4.2ཡིན། སྟེང་གི་གཞི་ལེབ་ནི་འོག་གི་གཞི་ལེབ་ལས་རིང་། སྟེང་གཞོགས་བར་གྱི་འབུར་ཐིག་ལ་སོ་ཕྲ་ཡོད། རྐང་རྒྱབ་ནང་དུ་ཚེར་མ9—12ཡོད། རྒྱུན་པར11ཡིན། ཕྱི་གཞོགས་ལ་ཚེར་མ9—14ཡོད། རྒྱུན་པར10ཡིན། ཕྱི་སྣེ་ཏུ་ཚེར་མ་མེད། རྐང་ཚིགས་སྔེར་མའི་བར་གྱི་གདན་ཅུང་ཐུང་ཞིང་། བརྒྱུད་ལམ་སྔེར་མོའི་དཀྱིལ་ལ་སླེབས་མེད། འོག་གི་སྐྱི་འཕེལ་པང་ལེབ་ཐུང་ལ་རྗེ་མོ་ཅུང་དོག་པོ་ཞིག་ཡིན།

གཟུགས་པོའི་ཁ་དོག་ཁམ་སེར་ཡིན་ལ་སྐབས་འགར་ལྗང་མདོག་ལྡན། ཚིགས་མིག་གི་རྒྱབ་ཕྱོགས་སུ་ཅུང་དོག་པའི་འཕྲེད་རིས་སེར་པོ་ཞིག་ཡོད། བྲང་མདུན་གྱི་རྒྱབ་པང་གི་བར་གྱི་འབུར་ཐིག་གི་གཞོགས་གཉིས་སུ་རྒྱུན་དུ་གཞུང་རིས་ཡོད་པ་དང་། གཞོགས་ལེབ་ལ་རྒྱུན་དུ་ནག་ཐིག་ཅིག་ཡོད། གཤོག་པ་མདུན་མར་ཅུང་གསལ་བའི་འོད་རིས་ཡོད། རྒྱབ་གཤོག་དྭངས་གསལ་ཡིན་ལ་གཤོག་རྩ་ཡི་ཁ་དོག་ཅུང་སེར་པོ་ཡིན་ལ་འོད་མི་གསལ་བའི་ཁྲ་ཐིག་ཡོད། རྐང་སྒུག་གི་ཚིགས་ཀྱི་ནང་གཞོགས་ནག་པོ་ཡིན་པ་དང་། ཉེ་སྣེའི་ཁུལ་དུ་དཀར་སྐྱ་ཡི་ཁྲ་ཐིག་ཆ་ཚང་ཞིག་ཡོད་ཅིང་། བར་གྱི་འབུར་ཐིག་གི་སྟེང་དུ་ཁྲ་ཐིག་ཅིག་ཡོད་ལ། ཞབས་སྒུག་གི་ཚིགས་ཀྱི་ནང་ངོས་ཀྱི་འབུར་ཐིག་དང་སྨད་ཐིག་གཉིས་ཀྱི་བར་དུ་སྤྱིའི་རིང་ཚད1/2ཙམ་ཡོད་པ་ནི་ནག་པོ་ཡིན། རྐང་པའི་རྒྱབ་ཀྱི་རྗེ་ངར་གྱི་མདོག་ནི་དམར་སེར་ཡིན།

མོ་གཟུགས་ཅུང་ཆེ་ཞིང་སྦོམ་པོ་ཡིན་པ་དང་རིང་ཚད་ཧའོ་སྨི38.0—52.0ཡོད་པ་དང་། མདུན་གཤོག་གི་རིང་ཚད་ལ་ཧའོ་སྨི40.0—46.9ཡོད། གདོང་དྲང་འཕྱང་ཡིན་པ་དང་། སྔོ་ངང་གཏོང་བའི་འདབ་མ་ཐུང་ཞིང་རྗེ་མོ་ལྷགས་ཀྱུ་ལྟ་བུའི་དབྱིབས་དང་། མཐའ་གཤམ་ནི་འཛམ་ཞིང་སོ་ཕྲ་མེད། དེ་བྱིངས་ནི་ཕོ་

རིགས་དང་འདྲ་བ་རེད།

སྐྱེ་ཁམས་གོམས་གཤིས། གཙོ་བོར་གཙང་ཆུའི་ངོགས་གཉིས་དང་མཚོའུའི་ངོགས་སམ་ཡང་ན་ཆུ་བོ་གཅིག་ཏུ་འདུས་པའི་ཟུར་གསུམ་གླིང་དང་རྩྭ་ཐང་ས་རྒྱུད་དུ་ཐུང་བ་དང་། ཡང་རི་འདབས་ཀྱི་རྩྭ་ཚལ་དང་། ནགས་ཚལ། རྩྭ་ཐང་། དེ་བཞིན་ནས་ཞིང་ངམ་ཡང་ན་ཚལ་ཞིང་གི་སྐེ་མ་ཅན་གྱི་རྩྭའི་གསེབ་ཏུ་འགྲུལ་སྐྱོད་བྱེད་བཞིན་ཡོད། འབུ་དར་མ་ནི་ཆེས་ཐོག་མར་ཟླ7པའི་སྟོད་དང་དཀྱིལ། ཟླ8པའི་དཀྱིལ་སྨད་དང་ཟླ་སྨད་དུ་སྡེབ་སྦྱོར་བྱས་ནས་སྒོ་ང་གཏོང་གིན་ཡོད། སྒོ་ང་ལས་དགུན་བརྒལ་བར་མ་ཟད། ལོ་རེར་རབས་གཅིག་ཐོན་གྱིན་ཡོད།

ས་ཁམས་ཁྱབ་ཚུལ། ཀྲུང་གོའི་བོད་ལྗོངས་དང་མཚོ་སྔོན།

4. 青藏雏蝗 *Chorthippus qingzangensis* Yin，1984

识别特征：雄性体中小型，体长 13.4—16.9 毫米，前翅长 11.4—14.1 毫米。头较短于前胸背板。颜面倾斜。触角细长，超过前胸背板后缘，到达后足股节基部。前胸背板中隆线、侧隆线明显，侧隆线较直，彼此几乎平行，不弯曲；后横沟位于背板中部，沟后区长度约同沟前区等长。前翅较长，顶端超过后足股节的顶端；缘前脉域狭长，一般超过前翅的中部，常缺闰脉；前缘脉域较狭，其最宽处为亚前缘脉域最宽处的 1.2 倍；径脉微弯曲，几乎直形；前翅向端部甚趋狭，具明显的翅痣。后足股节内侧下隆线发音齿基段音齿呈不规则的双排，音齿桃形。鼓膜孔半圆形。尾须圆柱形，长为宽的2倍，顶端略细。下生殖板钝锥形，末端平直。

雌性体型较雄性大，体长19.6—24.5毫米，前翅长14.2—16.5毫米。颜面略倾斜。触角较短，仅到达或略超过前胸背板的后缘。前翅较短，刚到达后足股节的端部；中脉域、肘脉域常缺闰脉，有时具不发达的闰脉。产卵瓣较长，下产卵瓣近端部处具凹陷。

体色呈黄绿色或绿色。头部背面、前胸背板、前翅有时呈棕褐色，前翅前缘脉域常具白色纵条纹。后足股节黄褐色，内侧基部缺暗色斜纹，端部色较暗。后足胫节黄褐色。

生态习性：主要生活在禾本科草丛中。成虫最早出现在6月上中旬，7月中下旬交配产卵。每年发生一代。

分布范围：中国黑龙江、内蒙古、山西、宁夏、甘肃、青海、新疆、西藏。

ཐད་གཤོག་སྒོ་ཁག Orthoptera
ཛྲ་གཤོག་ཚ་ག་པའི་ཚན་པ། Arcypteridae

4. མཚོ་དབུས་ཀྱི་འབུ་ཆ་གཟུགས། *Chorthippus qingzangensis* Yin，1984

དབྱེ་འབྱེད་ཁྱད་ཆོས། ཕོ་རིགས་ནི་འབྲིང་ཙམ་ཡིན་ལ་ལུས་པོའི་རིང་ཚད་ནི་ཧའོ་སྨི13.4—16.9 དང་། མདུན་གཤོག་གི་རིང་ཚད་ཧའོ་སྨི11.4—14.1ཡིན། མགོ་ནི་བྲང་རྒྱབ་ལས་ཐུང་། གདོང་གསེག་པ་དང་རེག་རྭ་རིང་ཞིང་ཕྲ་ལ་བྲང་མདུན་གྱི་རྒྱབ་པང་གི་རྒྱབ་སྣེ་ལས་བརྒལ་ཏེ་ཀང་ཚིགས་ཀྱི་གཞི་རྩར་སླེབས་ཡོད། བྲང་མདུན་གྱི་རྒྱབ་པང་དུ་བར་གྱི་འབུར་ཐིག་དང་གཞོགས་ཀྱི་འབུར་ཐིག་མངོན་གསལ་ཡིན་ལ། གཞོགས་ཀྱི་འབུར་ཐིག་ཅུང་དྲང་ཞིང་ཕན་ཚུན་ཏ་ལམ་མཉམ་འགྲོ་ཡིན་པས་གུག་མི་དགོས། རྒྱབ་ཀྱི་འཕྲེད་ཤུར་ནི་རྒྱབ་པང་གི་དཀྱིལ་དུ་གནས་པ་དང་། ཤུར་གྱི་རྒྱབ་ཁུལ་གྱི་རིང་ཚད་ཕལ་ཆེར་ཤུར་གྱི་མདུན་ཁུལ་དང་རིང་ཐུང་འདྲ་བ་ཡིན། མདུན་གྱི་གཤོག་པ་ཅུང་རིང་བ་དང་རྩེ་མོ་རྒྱབ་ཀྱི་སུག་ཚིགས་ཀྱི་རྩེ་མོ་ལས་བརྒལ། ཟུ་ཡི་མདུན་གྱི་རྩ་ནི་དོག་ཅིང་རིང་ལ། ཕྱིར་བཏང་དུ་མདུན་གྱི་གཤོག་པའི་དཀྱིལ་ལས་ཆེ་ཞིང་། མདུན་སྣེའི་རྩ་ཞེང་ཅུང་ཙམ་ཞིང་། ཆེས་ཡངས་སར་མདུན་སྣེའི་རྩ་ཞེང་ཆེས་ཆེ་བའི་ཁོངས་ཀྱི་

ཞུབ1.2ཡིན། ཚངས་རྩར་ཙུང་གུག་ཅིང་ཏ་ལམ་དྲང་དབྱིབས་ཡིན། མདུན་གྱི་གཤོག་པའི་སྦེ་ཤིན་ཏུ་དོག་ཅིང་གཤོག་པའི་སྟེང་དུ་སྦེ་བ་མངོན་གསལ་ལྡན། རྐང་སོར་ཚིགས་ཀྱི་ནང་ངོས་སུ་འབུར་ཐིག་དང་སོ་གཞི་སོགས་ཚད་ལྡན་མིན་པའི་གྲལ་ཟུང་དང་། སོ་དབྱིབས་ཀྱི་ཁམ་བུའི་དབྱིབས་སུ་མངོན། ཇ་སྐྱི་ཁུང་སྣོར་ཕྱེད་དབྱིབས་ཡིན་ལ། ཇ་མའི་དབྱིབས་ནི་ཀ་ཟླུམ་དབྱིབས་དང་རིང་ཚད་ནི་ཞེང་ཚད་ཀྱི་ཞུབ2ཡིན་པ་དང་། རྩེ་མོ་ཙུང་ཕྲ་བ་ཞིག་ཡིན། སྨད་ཆའི་སྐྱི་འཕེལ་པང་ལེབ་རྟུལ་དབྱིབས་དང་། མཇུག་མཐའ་ནི་དྲང་སྙོམས་ཡིན།

མོ་གཟུགས་ནི་ཕོ་རིགས་ལས་ཆེ་ཞིང་། ལུས་པོའི་རིང་ཚད་ནི་ཏའོ་སྨི19.6—24.5དང་། མདུན་གཤོག་གི་རིང་ཚད་ནི་ཏའོ་སྨི14.2—16.5ཡིན། ངོ་གདོང་ཙུང་གསེག་འདུག་ཅིང་རེག་ར་ཐུང་བའམ་ཡང་ན་མདུན་བྲང་རྒྱབ་པང་གི་རྒྱབ་ལ་སླེབས་པའམ་ཡང་ན་དེ་ལས་ཙུང་ཟད་བརྒལ་ཡོད། གཤོག་པ་སྔོན་མ་ཙུང་ཐུང་ཞིང་རྐང་པ་ཕྱི་མའི་ཚིགས་ཀྱི་སྦེ་ཊ་སླེབས་མ་ཐག་ཡིན། རྩ་བར་མ་དང་གྲུ་མོའི་ཁོངས་སུ་ཊན་རྩ་དཀོན་པ་དང་སྐབས་འགར་དར་རྒྱས་མེད་པའི་ཊན་རྩ་ཡོད། སྒོ་ང་གཏོང་བའི་འདབ་མ་ཙུང་རིང་བ་དང་སྒོ་ང་གཏོང་བའི་འདབ་མ་ཉེ་བའི་སར་ཞོམ་རྗེབ་ཡོད།

གཟུགས་མདོག་ནི་སེར་ལྗང་ངམ་ལྗང་ཁུ་ཡིན། མགོའི་རྒྱབ་ངོས་དང་བྲང་མདུན་གྱི་རྒྱབ་ལེབ། མདུན་གྱི་གཤོག་པ་བཅས་ནི་སྐབས་འགར་སྨུག་པོར་འགྱུར་བ་དང་། མདུན་གྱི་གཤོག་པའི་མདུན་གྱི་རྩ་ལ་རྒྱུན་དུ་གཞུང་གི་ཐིག་ཤར་དཀར་པོ་ཡོད། རྐང་ཚིགས་ཕྱི་མ་ནི་ཁམ་སེར་ཡིན་པ་དང་། ནང་ངོས་ཀྱི་གཞི་རྩར་རི་མོ་ནག་པོ་ཆད་ཡོད་ཅིང་། སྦེ་མོའི་ཁ་དོག་ཙུང་ནག་པོ་ཡིན། རྐང་རྒྱབ་ཀྱི་རྫེ་ངར་གྱི་མདོག་ནི་སེར་སྨུག་ཡིན།

སྐྱེ་ཁམས་གོམས་གཤིས། གཙོ་བོར་སྔེ་མ་ཅན་གྱི་རྩྭ་གསེབ་ཏུ་འཚོ་ཤིང་། འབུ་དར་མ་ནི་ཆེས་ཐོག་མར་ཟླ6པའི་སྟོད་དང་ཟླ་དཀྱིལ། ཟླ7པའི་ཟླ་དཀྱིལ་དང་ཟླ་སྨད་དུ་འཁྲིག་སྦྱོར་བྱས་ནས་སྒོ་ང་གཏོང་གིན་ཡོད། ལོ་ལྟར་རབས་གཅིག་འཕེལ་བཞིན་ཡོད།

ས་ཁམས་ཁྱབ་ཚུལ། ཀྲུང་གོའི་ཧེ་ལུང་ཅང་དང་ནང་སོག ཧྲན་ཞི། ཉིང་ཞ། ཀན་སུའུ། མཚོ་སྔོན། ཞིན་ཅང་། བོད་ལྗོངས་བཅས་ཡིན།

5. 钟伪卷叶绵蚜 *Thecabius zhongi*（Zhang，1995）

识别特征:有翅孤雌蚜活体黑绿色，被薄粉。体长 2.64 毫米，体宽 1.27 毫米。腹部蜡片明显。中额隆起，弧形，头盖缝明显。触角 6 节，全长为体长的 0.39 倍，节Ⅰ—Ⅵ长度比例为 18 : 21 : 100 : 41 : 51 : 53+10。节Ⅲ—Ⅴ各有宽带开环形次生感觉圈数 13—19 个、6—8 个、6—9 个；原生感觉圈有睫；节Ⅲ毛短，长为该节直径的 1/6。喙端部达中足基节，节Ⅳ+Ⅴ楔状，长为该节基宽的 2.1 倍，有原生毛 2 或 3 对，缺次生。前翅中脉不分叉。腹管缺。尾片馒状，有长毛 2 或 3 根。尾板有毛 10—13 根。

生态习性：寄主植物为青杨。

分布范围：中国青海、甘肃。

5. ཀྲུང་ལྷེ་འདབ་འཁྱིལ་གནོད་འབུ། *Thecabius zhongi*（Zhang，1995）

དབྱེ་འབྱེད་ཁྱད་ཆོས། གཤོག་པ་ཅན་གྱི་མོ་ཡི་འབུ་གཟུགས་ནག་པོ་ཡིན་པ་དང་ལུས་ལ་ཕྱེ་མ་སྤྲབ་མོ་ཞིག་བཀབ་ཡོད། གཟུགས་ཀྱི་རིང་ཚད་ནི་ཧའོ་སྨི2.64དང་། གཟུགས་ཀྱི་ཞེང་ཚད་ནི་ཧའོ་སྨི1.27རེད། གྲོད་པའི་ནང་གི་ཕྲ་ཆོལ་མངོན་གསལ་དོད་པོ་ཡིན། དཔྲལ་བའི་དཀྱིལ་འབུར་ཞེང་གཞུ་དབྱིབས་ཡིན་པ་དང་མགོ་ཡི་ཁ་ལེབ་མངོན་གསལ་ཡིན། རེག་རྭ་ཁག6ཡོད་པ་དང་། དེའི་རིང་ཚད་ནི་ལུས་པོའི་རིང་ཚད་ཀྱི་ལྡབ0.39ཡིན་པ་དང་། ཚིགས I —Ⅵརིང་ཚད་ཀྱི་བསྡུར་ཚད་ནི18 : 21 : 100 : 41 : 51 : 53+10ཡིན་ལ། ཚིགསⅢ—Ⅴ—Ⅴཡི་རིང་ཚད་ནི་སོ་སོར་དྲ་ཆེན་ཕྱེ་གདུབ་དབྱིབས་ཀྱི་ཟུར་སྐྱེས་ཚོར་བ13—19བར་དང་། 6—8བར། 6—9བར་ཡིན་པ་དང་། གདོང་སྐྱེས་ཀྱི་ཚོར་ཤེས་ཚང་མར་ཐྱེ་ཡོད། ཚིགསⅢཡི་སྤྱུ་ཐུང་བ་དང་། རིང་ཐུང་ནི་ཚངས་ཐིག་འདིའི1/6ཡིན། མཚུ་ཧྲོའི་སྣེ་མོའི་བར་སུག་རྩ་བའི་ཚིགས་ལ་སླེབས་པ་དང་། ཚིགསIV+Vནི་ཁྲིཝུ་དབྱིབས་ཡིན་ལ་ཚིགས་དེའི་གཞི་ཞེང་གི་ལྡབ2.1ཡིན་པ་དང་། དེར་གདོང་སྐྱེས་སྤྱུ་གཉིས་སམ་གསུམ་ཡོད་པ་དང་། སྐྲི་འཕེལ་མེད་པ་རེད། གཤོག་པ་མདུན་མར་རྩ་མདུད་མེད་ལ་གསུམ་སྨྱུག་ཆད་ཡོད། མཇུག་མའི་དབྱིབས་ནི་གོ་རེ་ཀླངས་བཙོས་ཀྱི་དབྱིབས་ཡིན་ལ་སྤྱུ་རིང2འམ3ཡོད། མཇུག་ལེབ་ལ་སྤྱུ10—13ཡོད།

སྐྱེ་ཁམས་གོམས་གཤིས། གཙོ་བོར་རྩེ་ཤིང་སྤྱར་ནག་གི་སྟེང་དུ་འཚོ་བ་ཡིན།

ས་ཁམས་ཁྱབ་ཚུལ། ཀྲུང་གོའི་མཚོ་སྔོན་དང་ཀན་སུཝུ།

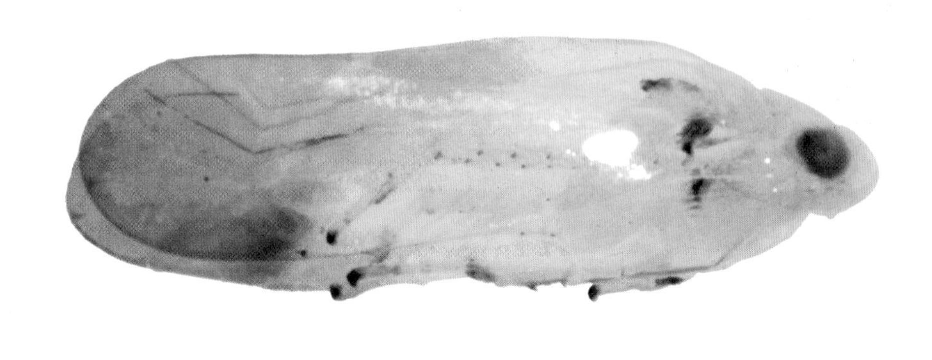

6. 弯突长柄叶蝉 *Alebroides curvatus*（Dworakowska，1981）

识别特征：身体连同翅长 4.3—4.7 毫米。体灰色。头顶两复眼间具大灰白色斑纹，沿冠缝具黄色斑纹；颜面米黄色。前胸背板中部赤黄色，侧角褐色；小盾片端角褐色；前翅半透明，后翅透明。腹部黄色。头冠前缘突出，后缘凹入，头冠窄于或等于前胸背板宽，冠缝明显，具单眼；颜面狭长，额唇基区隆起，前胸背板前缘弧形，后缘凹入，中长约为头冠中长的 2 倍，中胸盾间沟明显，未达侧缘。前翅端室小于翅长的 1/3，第 1、2 端室近相等，第 3 端室三角形，两端脉均源于 r 室，第 1、2 端室近相等，c 室与 r 室近等宽，窄于 m 室与 cua 室；后翅 CuA 脉分叉。腹部黄色，腹内突延伸至第 5 腹节，尾节侧瓣端部前缘具细刚毛，尾节腹突未超过尾节侧瓣,向尾节被缘弯曲。下生殖板狭长,端半部向背缘稍弯曲。肛突发达。

生态习性：生活于林中树叶上、草丛中。

分布范围：中国贵州、青海；印度；尼泊尔。

ཕྱེད་གཤོག་སྐྱེ་ཁག Hemiptera
རོང་ཚ་ག་བའི་ཚན་པ། Cicadellidae

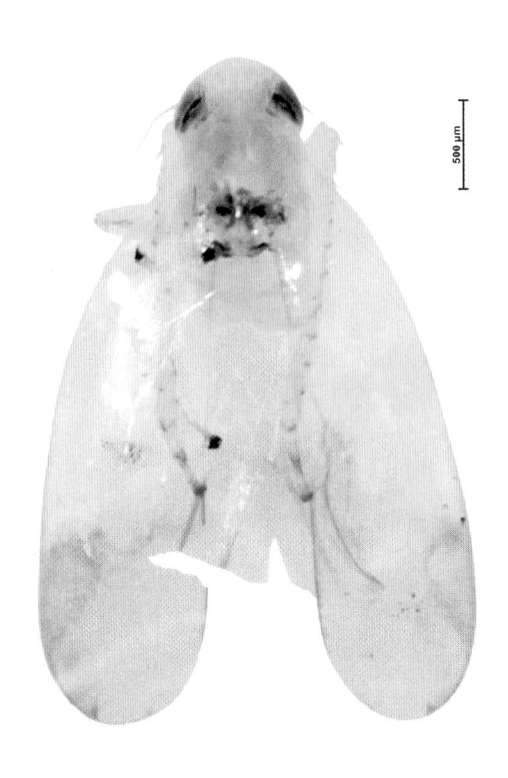

6. ཐོལ་སྨྱུར་ཨུ་རིང་རོང་ཚ་ག་བ། *Alebroides curvatus*（Dworakowska，1981）

དབྱེ་འབྱེད་ཁྱད་ཆོས། ལུས་པོ་དང་གཤོག་པའི་རིང་ཚད་ནི་ཧའོ་སྨི4.3—4.7ཡིན། ལུས་མདོག་སྐྱ་སྐྱ་ཡིན་པ་དང་། མགོ་ནས་ཚོགས་མིག་གི་བར་དུ་མདོག་དཀར་སྐྱ་ཅན་གྱི་ཁྲ་ཐིག་ཅིག་ཡོད་ལ། མགོ་ཡི་བར་གསེང་དུ་ཁྲ་ཐིག་ཅིག་ཡོད། གདོང་གི་མདོག་ནི་སེར་པོ་ཡིན། བྲང་མདུན་རྒྱབ་པང་གི་དཀྱིལ་གྱི་ཁ་དོག་སེར་པོ་དང་ཟུར་ནི་ཁམ་མདོག་ཡིན་ལ། ཕུབ་ཆུང་ལེབ་མགོའི་ཁ་དོག་སྨུག་པོ་ཡིན། གཤོག་པ་སྔོན་མ་དྭངས་གསལ་མིན་པ་དང་། གཤོག་པ་ཕྱི་མ་དྭངས་གསལ་ཡིན། གྲོད་ཁོག་སེར་པོ་ཡིན། མགོའི་ཐོག་ཞུ་ཡི་མདུན་སྣེ་འབུར་བ་དང་རྒྱབ་སྣེ་ནང་དུ་བརྡེབས་ཡོད། མགོའི་ཐོག་ཞུ་ནི་བྲང་མདུན་རྒྱབ་པང་གི་ཞེང་ལས་ཆུང་བའམ་ཡང་ན་དེ་དང་མཚུངས་པ་ཡིན། ཞྭ་འཚེམ་མཚོན་གསལ་ཡིན་པ་དང་། མིག་གཅིག་ཡོད་པ་བཅས་ཡིན། གདོང་དོག་ཅིང་རིང་བ་དང་། དཔྲལ་མཆུ་ཡི་རྩ་བ་འབུར་ཡོད། བྲང་གི་རྒྱབ་པང་མདུན་གྱི་གཞུ་

དབྱིབས་དང་རྒྱབ་ཀྱི་མཐའ་གཤོང་བ་ཡིན་ལ། བར་རིང་ནི་ཏོག་མགོའི་བར་རིང་གི་ལྷབ2ཡིན། བྲང་དཀྱིལ་གྱི་ཕུབ་ཤུར་མངོན་གསལ་ཡིན་པ་དང་། མདུན་གྱི་གཤོག་པའི་སྦྲེ་མོའི་ཤག་ནི་གཤོག་པའི་རིང་ཚད་ཀྱི1/3ལས་ཆུང་ལ། སྦྲེ་མོའི་ཤག1དང2ནི་ཏ་ལམ་འདྲ་མཚུངས་ཡིན་ལ། སྦྲེ་མོའི་ཤག3པའི་དབྱིབས་ནི་ཟུར་གསུམ་ཡིན། སྦྲེ་གཉིས་ཀྱི་རྩ་ནིrཁང་ཡིན། སྦྲེ་མོའི་ཤག1དང2ནི་ཏ་ལམ་འདྲ་མཚུངས་ཡིན། cཁང་དངrཁང་ཐག་ཉེའི་ཞེང་ཚད་ནིmཁང་ཆུང་དངcuaཁང་ལས་དོག་ཡོད། གཤོག་པ་ཕྱི་མ་ནིCuAཡི་རྩ་མདུད་ཡིན། གསུས་པའི་ཁ་དོག་སེར་པོ་ཡིན་ལ་གསུས་པའི་ནང་འབུར་ནི་གསུས་པའི་ཚིགས5ལ་བསྒྲིངས་ཡོད། མཇུག་མའི་ཟུར་གྱི་འདབ་སྦྲེ་ལ་སྤུ་ཕྲ་ཡོད་པ་དང་གཞུག་མའི་ཚིགས་ཀྱི་ནང་འབུར་ནི་གཞུག་མའི་ཚིགས་ཀྱི་འདབ་སྐྱི་ལས་བརྒལ་མེད། མཇུག་མའི་ཚིགས་ནང་དུ་གུག་པ་དང་སྐྱི་འཕེལ་པང་ལེབ་དོག་ཅིང་རིང་བ་ཞིག་ཡིན། སྦྲེ་མོའི་བར་དཀྱིལ་ནི་རྒྱབ་ཕྱོགས་སུ་ཙུང་ཟད་གུག་པ་དང་བཤང་ལམ་ཐོལ་འབུར་བྱུང་ཡོད།

སྐྱེ་ཁམས་གོམས་གཤིས། འབུ་འདི་རིགས་ཀྱིས་ནགས་ཁྲོད་ཀྱི་ལོ་མ་དང་རྩྭ་གསེབ་ཏུ་འཚོ་བ་སྐྱེལ་གྱིན་ཡོད།

ས་ཁམས་ཁྱབ་ཚུལ། ཀྲུང་གོའི་ཀུའེ་ཀྲོའུ་དང་མཚོ་སྔོན། རྒྱ་གར་དང་བལ་པོ།

7. 短刻切眼龙虱 *Colymbetes mininus*（Zaitzev，1909）

识别特征：体长 10.5—11.5 毫米，长卵圆形，背面不光亮。头黑色，额及唇基黄色，额唇基沟两侧黑色；复眼边小刻点排成一列，网纹精细，网眼大小不一；刻点密集，尤其在额区往后。前胸背板黄色，具 4 个间隔较远的黑斑，中央两斑清晰，两侧斑常消失，中央具 1 短纵刻线；两侧向前变窄，侧缘略呈弧形，无镶边，基部最宽，略窄于鞘翅基部；网纹精细，网眼大小不一；刻点较浅，极小且密。鞘翅棕黄色，具密集的黑色短横斑，横斑上具横刻；刻点列不明显，小刻点与前胸背板类似；网纹精细，网眼大小不一。腹面黑色，腹部 2—4 腹节或多或少具黄色部分；第 2 腹节后缘不具发生器。鞘翅缘折黄色。足黄色，雄性前足及中足基部 3 跗节略膨大，腹面具黏性刚毛。

生态习性：生活于高原草原间洼地的静水小水池中。

分布范围：中国青海、西藏。

གཅོག་ཁྲབ་སྣེ་ཁག Coleoptera
ཆུ་ཤིག་ཚན་པ། Dytiscidae

7. ཐུང་བརྐོས་མིག་འབྱེད་ཆུ་ཤིག *Colymbetes mininus*（Zaitzev，1909）

དབྱེ་འབྱེད་ཁྱད་ཆོས། གཟུགས་པོའི་རིང་ཚད་ནི་ཧའོ་སྨི10.5—11.5ཡིན། མགོ་ནག་པོ་དང་དཔྲལ་བ་དང་མཆུ་ཏོའི་མདོག་སེར་པོ། དཔྲལ་མཆུ་རྨང་ཤུར་གྱི་གཞོགས་གཉིས་ནག་པོ་ཡིན། ཚིགས་མིག་གི་མཐའ་ལ་བརྐོས་ཚག་ཐྲེང་གཅིག་སྒྲིག་ཅིང་དྭ་རིས་ཞིབ་ཚགས་ཡིན་ལ་དྭ་མིག་གི་ཆེ་ཆུང་མི་འདྲ་བས་བརྐོས་ཚག་ཙུང་མང་། ལྟག་པར་དུ་དཔྲལ་ཁྱུལ་གྱི་རྗེས་ཀྱི་བྲང་མདུན་གྱི་རྒྱབ་ལེབ་སེར་པོ་ཡིན་པ་དང་བར་ཐག་ཙུང་རིང་བའི་ནག་ཐིག4ཡོད་པ་དང་། དཀྱིལ་གྱི་ཁྲ་ཐིག་གསལ་པོ་ཡིན་ལ། གཞོགས་གཉིས་ཀྱི་ཁྲ་ཐིག་མེད། དཀྱིལ་ངོས་ཀྱི་ཐིག་ཕྲུང་བ་དང་ཟོགས་གཉིས་ཀྱི་སྣེ་ནི་གཞུ་དབྱིབས་སུ་སྣང་ཞིང་། མཐའ་ལ་བརྒྱན་མེད་ཅིང་། གཞི་ནི་ཞེང་ཆ་ཆེ་ལ་གཤོག་ཁྲབ་ཀྱི་གཞི་ལས་ཙུང་ཆུང་བ་ཡིན། དྭ་གཉེར་ཞིབ་ཚགས་དང་དྭ་མིག་གི་ཆེ་ཆུང་མི་འདྲ་ལ། ཙུང་སྲབ་ཅིང་ཆུང་ལ་སྡུག་པ་ཡིན། གཤོག་པ་སྲབ་མོའི་ཁ་དོག་སེར་པོ་ཡིན་པ་དང་། དེའི་སྟེང་ལ་མདོག་ནག་སྡུག་གི་འཕྲེད་ཐིག་ཕྲུང་བ་ཞིག་ཡོད། འཕྲེད་ཐིག་སྟེང་འཕྲེད་བརྐོས་ཡོད་ལ་བརྐོས་ཚག་མངོན་གསལ་མིན་པར། བརྐོས་ཚག་ནི་བྲང་མདུན་གྱི་རྒྱབ་ལེབ་དང་འདྲ། དྭ་རིས་ཞིབ་ཅིང་ཕྲ་བ་དང་དྭ་མིག་གི་ཆེ་ཆུང་མི་འདྲ། གསུམ་ངོས་ནག་པོ་ཡིན་ལ་གསུམ་ཁོག2—4བར་གྱི་ཚིགས་ལ་མང་ཉུང་ལ་མ་བལྟོས་པར་སེར་པོ་ཡིན་པའི་ཆ་ཡོད། གསུམ་པའི་ཚིགས་མཚམས་གཉིས་པ་ལ་འབྱུང་ཆས་མེད། གཤོག་པའི་མཐའ་དང་རྐང་པ་སེར་པོ་ཡིན། ཕོ་རིགས་ཀྱི་མདུན་སུག་དང་བར་སུག་གི་རྡ་ལག་གི་རྐང་མཐེབ3ཙུང་ཟད་

འབུར་ཆེ་བ་དང་། གསུས་པའི་སྟེང་འབབ་འགྱུར་རང་བཞིན་གྱི་བ་སྤུ་རྒྱབ་མོ་ཞིག་ཡོད།

སྐྱེ་ཁམས་གོམས་གཤིས། མཐོ་སྒང་གི་རྩ་ཐང་བར་གྱི་གཞོང་སར་འཚོ་བཞིན་ཡོད།

ས་ཁམས་ཁྱབ་ཚུལ། ཀྲུང་གོའི་མཚོ་སྔོན་དང་བོད་ལྗོངས།

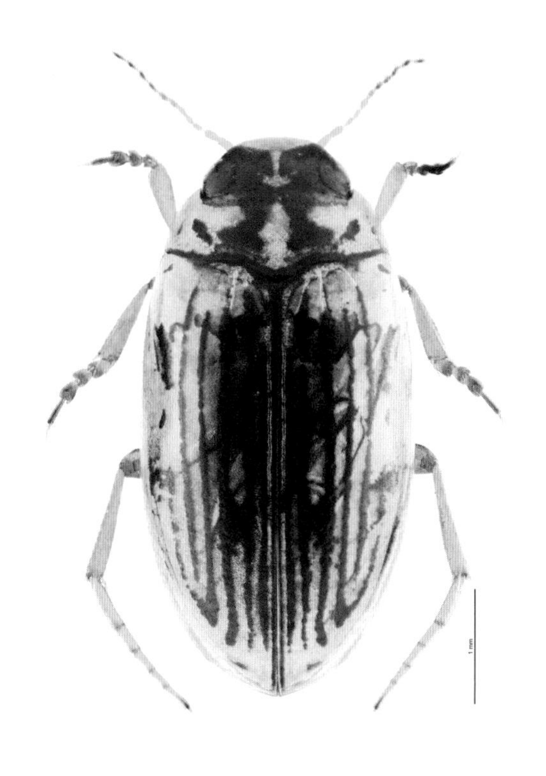

8. 埃氏波龙虱 *Boreonectes emmerichi*（Falkenström，1936）

识别特征：体长 4.5—5.0 毫米，长卵圆形，背面不光亮。背面及足黄色，腹面黑色；触角基部数节褐黄色，端部数节深棕色；背面斑纹深棕色，头及前胸背板深棕色斑相连，额唇基区黄色，与后缘月牙形黄斑以一黄色窄纵带相连；前胸背板前缘深棕色，中部 2 个大斜斑与其相连，两边各具 1 小斑；每鞘翅具 7 条黑色细纵带，常融合；鞘缝黑色。唇基前缘色略深，无脊；近复眼处具一椭圆形斜凹陷，额区刻点较小，密，无绒毛；网纹清晰，网眼圆形。前胸背板凹凸不均，前后角圆钝，侧缘弧形，具不明显镶边，后缘中部 V 突明显；中央具一大刻点，近前缘及后缘两侧具较大刻点，小刻点及网纹与头部相同；具少数绒毛。鞘翅均匀隆拱，缘折脊较明显；侧缘近末端不具齿，刻点列较清晰；其余刻点较头及前胸背板小，被密集短绒毛；网纹较模糊，网眼长形。前胸腹突端部较窄，具绒毛；后基节与腹部相同，具密集的小刻点。后足腿胫节均较细，后胫节刻点细长，排成整齐一列。雄性前足爪略长，无明显特化。

生态习性：生活于高原草原间洼地的静水小水池中。

分布范围：中国青海、甘肃、四川、西藏；印度。

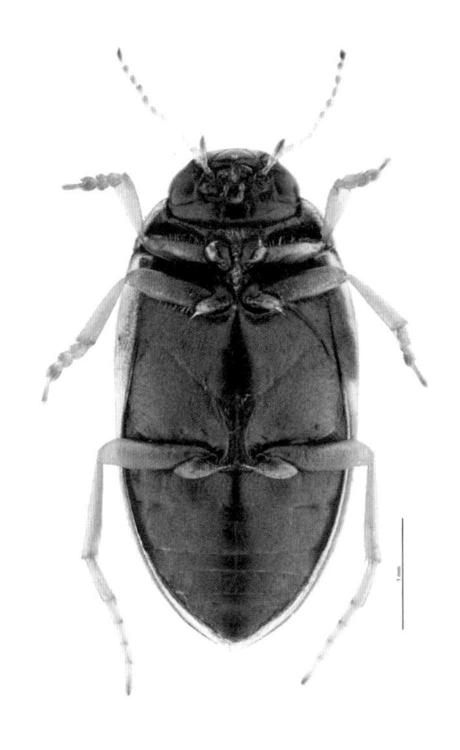

8. ཨེ་རྷི་པོ་རྒྱ་ཤིག *Boreonectes emmerichi*（Falkenström，1936）

དབྱེ་འབྱེད་ཁྱད་ཆོས། གཟུགས་པོའི་རིང་ཚད་ནི་ཧ་འོ་སྨི4.5—5.0ཡིན་པ་དང་། སྒོང་རིང་ནི་སྒོར་དབྱིབས་ཡིན་ལ། རྒྱབ་ངོས་ཀྱི་འོད་མི་གསལ། རྒྱབ་ངོས་དང་རྐང་པ་སེར་པོ་ཡིན་ལ། གསུས་ངོས་ནག་པོ། རེག་རྭའི་རྩང་གི་ཚིགས་རྣམས་ཀྱི་མདོག་སེར་པོ་ཡིན་ལ། སྣེ་མོའི་ཚིགས་རྣམས་ཀྱི་མདོག་ནི་སྨུག་པོ་ཡིན། རྒྱབ་ངོས་ཀྱི་ཁྲ་ཐིག་ནི་ཇ་མདོག་ཡིན་ལ། མགོ་དང་བྲང་གི་རྒྱབ་ལེབ་ནི་ཇ་མདོག་གི་ཁྲ་དང་འབྲེལ་ཞིང་། དཔྲལ་མཆུ་ཡི་རྩང་ཁུལ་ནི་སེར་པོ་ཡིན་ལ། རྒྱབ་མཐའི་ཟླ་བའི་དབྱིབས་ཀྱི་སེར་ཁྲ་ནི་མདོག་སེར་པོ་ཡིན་པའི་གཞུང་རྒྱུད་དང་འབྲེལ་ཡོད། མདུན་བྲང་རྒྱབ་པང་གི་མདུན་མཐའ་ནི་ཇ་མདོག་ཡིན་ལ། དཀྱིལ་གྱི་གསེག་ཁྲ་ཆེ་བ་གཉིས་ནི་དེ་དང་འབྲེལ་ཡོད་པ་དང་། གཡས་གཡོན་སོ་སོར་ཁྲ་ཐིག་ཆུང་ཆུང་རེ་ཡོད། གཤོག་ཆས་ཆ་ཚང་རེར་ནག་ཅིང་ཕྲ་བའི་རྒྱུད7རེ་ཡོད་པ་རྒྱུན་པར་མཉམ་འདྲེས་བྱས་ཡོད། ཤུབས་སྒྲུབས་ནག་པོ་

ཡིན། མཆུ་རྨང་གི་མདུན་སྣེའི་ཁ་དོག་ཅུང་ཟབ་པ་དང་སྐལ་བ་མེད། ཚོགས་མིག་གི་ཉེ་བའི་གནས་ལ་འཛོང་དབྱིབས་ཤིག་གསེག་ཏུ་ཞོམ་པ་དང་། ཐོད་པའི་གནས་ཅུང་ཆུང་ལ་སྤུ་སྤུག་ཏང་ཁྱུ་སྤུ་མེད། བྲ་རིས་གསལ་ལ་བྲ་མིག་སྒོར་དབྱིབས་ཡིན། བྲང་མདུན་གྱི་རྒྱབ་པང་གོང་ངོས་མི་སྐྱོམས་པ་དང་། ཐུ་གཞུག་གི་ར་ནི་སྒོར་རྟུལ་གྱི་དབྱིབས་སུ་སྣང་། མཐའ་གཤམ་ནི་གཞུ་དབྱིབས་ཡིན། མཐའ་གཤམ་མདོན་གསལ་མིན་ཏང་མཐའ་དཀྱིལ་གྱིVའབུར་མདོན་གསལ་ཡིན་ལ། དེའི་དཀྱིལ་དུ་བཀོས་ཆོག་ཏ་ཅང་ཆེན་པོ་ཞིག་ཡོད་ཅིང་། མདུན་མཐའ་དང་རྒྱབ་ཀྱི་ཟུར་གཉིས་སུ་བཀོས་ཆོག་ཅུང་ཆེན་པོ་ཡོད་ཅིང་། བཀོས་ཆོག་ཆུང་ཆུང་གི་བྲ་རིས་མགོ་དང་འདྲ་ལ། ཉུང་ཤས་ཤིག་ལ་ཁྱུ་སྤུ་སྐྱེས་ཡོད། གཤོག་ཁྲབ་སྙོམས་ཤིང་གུག་གུག་ཡིན་ལ་མཐའ་ལྟེབ་མདོན་གསལ་ཡིན། གཞོགས་ཀྱི་མཐའ་ཉེ་ན་སོ་མེད་ཅིང་བཀོས་ཆོག་ཅུང་གསལ། གཞན་པའི་བཀོས་ཆོག་ནི་བྲང་གི་རྒྱབ་དང་ཅུང་ཆུང་ལ་ཚགས་དམ་པའི་སྤུ་ཐུང་ཞིག་ཡོད། བྲ་རིས་ཅུང་རབ་རིབ་དང་བྲ་མིག་རིང་པོའི་དབྱིབས་ཡིན། བྲང་དང་གསུམ་པའི་འབུར་སྣེ་ཅུང་དོག་ལ་སྤུ་སྐྱེས་ཡོད་པ་དང་། རྒྱབ་ཀྱི་རྨང་ཚིགས་ནི་གསུམ་པའི་ངོས་དང་འདྲ་ཞིང་། ཚགས་དམ་པའི་བཀོས་ཆོག་ཆུང་ཆུང་ཡོད། རྐང་སུག་དང་རྐང་ངར་གྱི་ཚིགས་ཚང་མ་ཅུང་ཕྲ་བ་དང་། རྗེ་ངར་ཆེ་བའི་ཚིགས་ལ་ཕྲ་ཞིང་རིང་བའི་གྲལ་ཞིག་གྲལ་བསྒར་བསྒྲིགས་ཡོད། ཕོ་རིགས་ཀྱི་མདུན་སུག་ཅུང་རིང་བ་མ་གཏོགས་གཞན་ལ་མངོན་གསལ་གྱི་ཁྱད་པར་མེད།

སྐྱེ་ཁམས་གོམས་གཤིས། མཐོ་སྒང་གི་རྩྭ་ཐང་བར་གྱི་གསོང་སར་འཚོ་བཞིན་ཡོད།

ས་ཁམས་ཁྱབ་ཚུལ། ཀྲུང་གོའི་མཚོ་སྔོན་དང་ཀན་སུའུ། སི་ཁྲོན། བོད་ལྗོངས་བཅས་དང་། རྒྱ་གར།

9. 始扎龙虱（乌兰乌拉亚种）*Zaitzevhydrus formaster ulanulana* （C.-K. Yang, 1996）

识别特征：体长 4.9—5.2 毫米，长卵圆形，背面不光亮。头棕黄色，后缘具一窄黑色带；触角黄色，后 6 节末端黄褐色；刻点细密，大小、分布较均一，偶见较大刻点；网纹略深，网眼大小较均一。前胸背板棕黄色，后缘黑色，中部两侧近后缘处各具 1 黑色横斑，两边近侧缘处各具一黑色窄斜斑；刻点中等大小，近前缘和后缘较密集，中央略稀疏；网纹精细；表面密被短绒毛。鞘翅棕黄色，具 4 条清晰黑色纵带，第 5 纵色带退化为 2 条不连续短纵色带，第 6 纵色带退化为 2 个色斑并于端部 1/3 处形成不连续色带；刻点分大小两种，小刻点极密集，大刻点较密集，分布较均匀；末端近顶角部处具齿状突。腹面黑色，密布微网纹，第 6 腹节具稀疏刻点。鞘翅缘折棕黄色。足棕黄色，前中足跗节棕褐色，后足胫节和跗节末缘棕褐色。

生态习性：生活于高原草原间洼地的静水小水池中。

分布范围：中国青海、西藏。

9. རྫི་ཀྲ་ཆུ་ཤིག (ལྷུའུ་ལན་ལྷུའུ་ལ་ཡི་རིགས་གཉིས་པ) *Zaitzevhydrus formaster ulanulana* （C. - K. Yang，1996）

དབྱེ་འབྱེད་ཁྱད་ཆོས། གཟུགས་པོའི་རིང་ཚད་ནི་ཧྲའོ་སྨི4.9—5.2དང་། སྒོང་རིང་ནི་སྒོར་དབྱིབས་ཡིན་ལ། རྒྱབ་ངོས་ཀྱི་འོད་མི་གསལ། མགོ་བོ་སེར་པོ་དང་རྒྱབ་ཀྱི་མཐའ་ཡི་མདོག་ནི་ནག་པོ་ཡིན། རེག་རྭའི་མདོག་སེར་པོ་ཡིན་ལ། མཇུག་གི་ཚིགས6ཁ་དོག་ཁམ་སེར་ཡིན། བཀོས་ཚོག་རྩུང་ཞིབ་ཚགས་ཅན་དང་། ཆེ་ཆུང་ཅན། ཁྱབ་སྣང་ས་ཆ་སྐོམས་ཅན་བཅས་ཡིན་ལ། འཕྲུལ་མཐོང་རྩུང་ཆེ་ཙམ་ཡིན། དྲ་རིས་རྩུང་ཟབ་ཅིང་དྲ་མིག་གི་ཆེ་ཆུང་ཕལ་ཆེར་གཅིག་ཡིན། ཐྲང་མདུན་གྱི་རྒྱབ་པང་སྨུག་པོ་ཡིན་ལ། རྒྱབ་སྟེ་ནག་པོ་ཡིན། དཀྱིལ་གྱི་འགྲམ་གཉིས་དང་ཐག་ཉེའི་ཟུར་ལ་འཕྱེད་ཁྲ་ནག་པོ་རེ་ཡོད། གཡས་གཡོན་གཉིས་ཀྱི་ཉེ་ལོགས་སུ་ནག་པོ་དང་གསེག་ཁྲ་རེ་ཡོད། བཀོས་ཚོག་གི་ཆེ་ཆུང་འབྲིང་ཙམ་ཡིན་པ་དང་། མདུན་མཐའ་དང་

རྒྱབ་ཀྱི་མཐའ་ཙུང་མཐུག་ཅིང་། དཀྱིལ་ཙམ་ཐར་ཐོར་ཡིན། ད་རེས་ཞིབ་ཚགས་ཡིན་པ་དང་ཕྱི་ཡི་སྤུ་ཐུང་ལ། གཤོག་ཁྲབ་སྨུག་སེར་ཡིན། གཞུང་རྒྱུད་ནག་པོ་བཞི་གསལ་པོར་ལྡན་ཞིང་། གཞུང་ཁུལ5བའི་གཞུང་ཁུལ་གྱི་མདོག་རྒྱུད་ཉམས་པ་ནི་བརྒྱུད་མར་ཐུང་བ་མ་ཡིན་པའི་གཞུང་རྒྱུད་གཉིས་ཡིན། གཞུང་ཁུལ6པ་དེའི་མདོག་རྒྱུད་ཉམས་པ་ནི་མདོག་ཐིག2ཙ་གྱུར་པ་མ་ཟད། སྣེ་ཁུལ་གྱི1/3གི་གནས་སུ་མུ་འབྲེལ་མེད་པའི་མདོག་རྒྱུད་གྲུབ། བསྐོས་ཚོག་ལ་ཆེ་ཆུང་རིགས་གཉིས་ཡོད། བསྐོས་ཚོག་ཆུང་ལ་ཚགས་དམ་པ་དང་བསྐོས་ཚོག་ཆེ་ལ་ཚགས་དམ་པ། ཁྱབ་སྣང་ཆ་སྙོམས་ཡིན་ལ། མཇུག་སྣེའི་རྩེ་ཟུར་ལ་སོ་འབུར་ཡོད། གསུས་ངོས་ནག་པོ་ཡིན་པ་དང་གཤོག་ཁྲབ་ཀྱི་མཐའ་གཤམ་སེར་པོ་ཡིན། རྐང་བའི་རྗེ་ངར་གྱི་མདུན་གྱི་མདོག་ཁམ་སེར་ཡིན་ལ་རྗེས་ཀྱི་མདོག་ཀྱང་ཁམ་སེར་ཡིན།

སྐྱེ་ཁམས་གོམས་གཤིས། མཐོ་སྒང་གི་རྩྭ་ཐང་བར་གྱི་གསོང་སར་འཚོ་བཞིན་ཡོད།

ས་ཁམས་ཁྱབ་ཚུལ། ཀྲུང་གོའི་མཚོ་སྔོན་དང་བོད་ལྗོངས།

10. 狭胸圆鳖甲 *Scytosoma humeridens*（Reitter，1896）

识别特征：体长10.0—12.0毫米；黑色，无光泽。唇基前缘直；前颊弧形，在眼前平行，较眼窄；眼圆形，不外突；后颊向后直缩；头顶平坦，卵形深刻点稠密。触角超过前胸背板基部，内侧锯齿状，末节宽桃形。前胸背板窄，长宽近相等；前缘弱弧凹，饰边宽断；侧缘弱弧形，端部最宽，近基部斜直，饰边细；基部弱弧形，饰边厚；前、后角圆钝；盘扁平，中线光滑，卵形刻点均匀且较头部的小。前胸侧板粗刻点木锉状。前胸腹突菱形，中凹，雄性后缘角状突起。中胸腹板端部具粗糙刻点。后胸腹板端部中央有横皱纹。鞘翅宽扁；基部宽凹，具短纵沟；侧缘在基部稍收缩，在中部稍外扩；翅肩指状前伸；翅背具细横皱纹和小刻点。腹部中央光滑，两侧刻点较粗；肛节宽三角形，后缘较直，刻点稠密。前足胫节直，端部内弯扩大。

生态习性：生活于高原草原草地，隐蔽于岩石下。

分布范围：中国青海、甘肃。

གཀོག་ཁྲབ་སྲེ་ཁག Coleoptera
གོམ་འདྲ་སྦུར་བའི་ཚན་པ། Tenebrionidae

10. བྱང་དོག་སྦུར་བ། *Scytosoma humeridens* (Reitter, 1896)

དབྱེ་འབྱེད་ཁྱད་ཆོས། གཟུགས་པོའི་རིང་ཚད་ནི་ཧ་འོ་སྨི10.0—12.0ཡིན་པ་དང་། མདོག་ནག་པོ་ཡིན། འོད་མེད། མཆུ་ཏོའི་མདུན་སྣེ་དྲང་མོ་ཡིན། མདུན་གྱི་འགྲམ་ཏུས་ནི་གཞུ་དབྱིབས་ཡིན་ལ་དེ་ནི་མིག་མདུན་དུ་མཉམ་འགྲོ་ཡིན་ལ་མིག་ཅུང་དོག་པོ་ཞིག་ཡིན། མིག་སྒོར་དབྱིབས་ཡིན་ལ་ཕྱི་འབུར་ཞིག་མིན། མཁུར་ཚོས་ཕྱི་ལ་འཁྱུམ་པ་དང་མགོ་ཀླད་ནི་བདེ་སློམས་ཡིན། སྒང་གཟུགས་ཀྱི་བཀོས་ཚོག་མཐུག་པོ་ཡིན། རིག་ར་ནི་བྱང་མདུན་རྒྱབ་པང་གི་གཞི་ལས་འདས་ཡོད་པ་དང་། ནང་ངོས་ནི་སོག་ལེའི་རྣམ་པ་ཡིན་ལ་

མཇུག་མཐའ་ནི་ཁམ་བུའི་དབྱིབས་ཡིན། ཐྲང་མདུན་གྱི་རྒྱབ་པང་དོག་ཙིང་ཞེང་ཆེ་ལ་རིང་ཐུང་འདྲ་མཚུངས་ཡིན། མདུན་སྣེའི་གཞུ་དབྱིབས་ནང་དུ་རྡེབ་པ་དང་། མཐའ་རྒྱན་ཞེང་ཆེ་བ། ཟུར་སྣེའི་གཞུ་དབྱིབས་ཀྱི་སྣེ་ཞེང་ཆེ་བ་དང་། རྩ་ཉེ་ནི་གསེག་དྲང་ཡིན་ལ་མཐའ་རྒྱན་ཕྲ་མོ་ཡིན། མ་གཞི་ནི་གཞུ་གཟུགས་ཡིན་པ་དང་མཐའ་རྒྱན་ནི་ཅུང་མཐུག་པོ་ཞིག་ཡིན། མདུན་ཕྱོགས་དང་རྒྱབ་ཟུར་གྱི་དབྱིབས་ནི་སྒོར་རྟུལ་ཡིན་པ་དང་། ཐེར་ནི་ལེབ་མོ་དང་། དཀྱིལ་ཐིག་འཛམ་པོ་ཡིན་ལ། སྒོང་དབྱིབས་ཀྱི་བཀོས་ཚོན་ནི་མགོ་བོ་ལས་ཅུང་ཆུང་བ་རེད། ཐྲང་མདུན་པང་ལེབ་ཀྱི་བཀོས་ཚོན་ནི་ཞིང་རྡར་དང་མཚུངས་ཤིང་ཐྲང་མདུན་གྱི་གསུམ་འབུར་ནི་གཟེ་དབྱིབས་དང་མཚུབས་ལ་དཀྱིལ་ནང་དུ་བརྡེབས་ཡོད། ཕོ་རིགས་རྒྱབ་ཀྱི་ར་དབྱིབས་འབུར་ཡོད་ལ། ཐྲང་དཀྱིལ་གསུམ་པང་གི་སྣེ་ལ་བཀོས་ཚོན་རྩུབ་པོ་ཞིག་ཡོད། ཐྲང་རྒྱབ་ཀྱི་གསུམ་པང་སྣེ་མོའི་དཀྱིལ་དུ་འཕྱེད་གཉེར་ཡོད། གཤོག་ཁྲབ་ལེབ་མོ་ཡིན་ལ་རྨང་ནི་གཤོང་ཆེ་ཞིང་ཐུང་ཤུར་ཡོད། འཁྲམ་སྣེ་ནི་རྨང་ཁུལ་དུ་འཁུམ་འདུ་བྱས་ནས་དབུས་ཁུལ་དུ་ཅུང་ཟད་རྒྱ་བསྐྱེད་ཡོད། གཤོག་པ་དང་ཐྲག་པའི་དབྱིབས། གཤོག་པའི་རྒྱབ་ངོས་སུ་འཕྱེད་གཉེར་དང་བཀོས་ཆུང་ཡོད་ལ། གསུམ་པའི་དཀྱིལ་ནི་འཛམ་ལ་གཞོགས་གཉིས་ཅུང་སྦོམ་པོ་ཞིག་ཡིན། བཤང་ཚོགས་ཀྱི་ཞེང་ལ་ཟུར་གསུམ་གྱི་དབྱིབས་ཡོད་པ་དང་། རྒྱབ་ཀྱི་སྣེ་ཅུང་དྲང་ཞིང་། ཅུང་ཚགས་དམ་པའི་བཀོས་ཚོན་ཡོད། ལག་ངར་ཆེ་ལ་རྐང་བ་དྲང་བ་དང་སྣེ་ནང་དུ་གུག་ཡོད།

སྐྱེ་ཁམས་གོམས་གཤིས། མཐོ་སྒང་གི་རྩྭ་ཐང་དུ་འཚོ་ཞིང་། ཐྲག་རྡོའི་འོག་ཏུ་འཚོ་སྡོད་བྱེད་ཀྱིན་ཡོད།

ས་ཁམས་ཁྱབ་ཚུལ། ཀྲུང་གོའི་མཚོ་སྔོན་དང་ཀན་སུའུ།

11. 弗氏双刺甲 *Bioramix*（*Leipopleura*）*frivaldszkyi*（Kaszab，1940）

识别特征：体长 9.0—10.3 毫米。黑色，鞘翅弱金属光泽。触角超过前胸背板基部，第 2—8 节圆柱形，第 9—10 节近球形，末节尖卵形。前胸背板梯形，基部最宽，向前近直收缩；前缘弱凹；后缘直；前角近直角形，后角直角形；盘区刻点粗且稀疏，侧缘稍密更粗。鞘翅基部宽于前胸背板基部，中部最宽；饰边由背面观仅基部 1/3 可见；肩圆直角形，肩的前方宽扁且强烈地下沉；翅面刻点小而稀疏夹杂不规则的小皱纹，侧面有很细且稀疏的金黄色毛。前足胫节长三角形，端部下侧凹；后足胫节直。雄性前、中足第 1—4 跗节双叶状扩展。

生态习性：生活于高原草原草地，隐蔽于岩石下。

分布范围：中国青海、甘肃。

11. རྦ་ཧྲི་འི་ཆེར་ཟླུང་སྦུར་བ། *Bioramix (Leipopleura) frivaldszkyi* (Kaszab, 1940)

དབྱེ་འབྱེད་ཁྱད་ཆོས། གཟུགས་ཀྱི་རིང་ཚད་ནི་ཧའོ་སྨི9.0—10.3ཡིན། མདོག་ནག་པོ་ཡིན། གཤོག་ཁྲབ་ཀྱི་སྟེང་ལྷགས་རིགས་ཀྱི་འོད་འཚྭ། རེག་རྣའི་རིང་ཚད་བྲང་མདུན་རྒྱབ་པང་གི་རྨང་ལས་འདས་ཤིང་། ཚིགས2—8ནི་ཀ་ཟླུམ་གྱི་དབྱིབས་ཡིན་ལ། ཚིགས9—10བར་ནི་རིལ་གཟུགས་ལ་ཉེ་བ་དང་། མཇུག་སྣེའི་རྩེ་མོ་སྔོང་དབྱིབས་ཡིན། བྲང་མདུན་གྱི་རྒྱབ་པང་སྐས་དབྱིབས་དང་། གཞི་ཞེང་ཅུང་ཆེ་ཞིང་། མདུན་གྱི་ཉེ་ས་ནས་དྲང་མོར་སྐུམ་པ་ཞིག་ཡིན། མདུན་མཐའ་ནང་དུ་རྫིབ་པ་དང་རྒྱབ་མཐའ་དྲང་མོ་ཡིན། མདུན་ར་དྲང་ཟུར་གྱི་དབྱིབས་དང་ཉེ་ཞིང་། རྒྱབ་ར་དྲང་ཟུར་དབྱིབས་ཡིན། ཕྱེར་ཁྱུལ་ཅུང་སྒོམ་ཞིང་ཐར་ཐོར་དུ་གྱུར་པ་དང་། ཕྱི་གཞོགས་ཅུང་སྟུག་ཅིང་རྩིང་པོ་ཡིན། གཤོག་ཁྲབ་ཀྱི་རྨང་ནི་བྲང་རྒྱབ་ཀྱི་རྨང་ལས་ཞེང་ཆེ། དབུས་ཞེང་ཅུང་ཆེ། རྒྱན་ཆ་ནི་རྒྱབ་ངོས་ནས་བལྟས་ན་རྨང་གི1/3ལས་མཐོང་རྒྱུ་མེད། ཐྲག་སྔོང་ནི་ཐད་ཟུར་ཅན་ཡིན་པ་དང་། ཐྲག་པའི་མདུན་ཕྱོགས་ཀྱི་ཞེང་ཆེ་ལ་ནང་དུ་བརྡེབས་ཡོད། གཤོག་པའི་ངོས་ལ་ཅུང་

ཆུང་ཞིང་ཐར་ཐོར་དུ་གནས་པའི་གཉེར་མ་ཆུང་ཆུང་ཡོད། གཞོགས་ངོས་སུ་ཧ་ཅང་ཕྲ་ཞིང་ཐར་ཐོར་གྱི་གསེར་མདོག་གི་སྤུ་ཡོད། མདུན་སུག་གི་རྗེ་ངར་ནི་ཟུར་གསུམ་རིང་བ་ཡིན་ལ། སྣེ་མོའི་འོག་གཤམ་ནང་དུ་བཙིར་ཡོད། རྒྱབ་སུག་གི་རྗེ་ངར་གྱི་ཚིགས་དྲང་མོ་ཡིན། ཕོ་རིགས་ཀྱི་མདུན་དང་བར་སུག་གི་ཚིགས1—4བར་གྱི་སྲེ་ཚིགས་འདབ་ཟུང་གི་དབྱིབས་སུ་རྒྱ་བསྐྱེད་ཡོད།

སྐྱེ་ཁམས་གོམས་གཤིས། མཐོ་སྒང་གི་རྫ་ཐང་དུ་འཚོ་ཞིང་། ཐག་རྫོའི་འོག་ཏུ་འཚོ་སྡོད་བྱེད་ཀྱིན་ཡོད།

ས་ཁམས་ཁྱབ་ཚུལ། ཀྲུང་གོའི་མཚོ་སྔོན་དང་ཀན་སུའུ།

12. 完美双刺甲 *Bioramix*（*Leipopleura*）*integra*（Reitter，1887）

识别特征：体长 9.0—14.0 毫米；黑色，较光亮，鞘翅弱金属光泽。触角超过前胸背板基部，第 2—8 节圆柱形，第 9—10 节近球形，末节尖卵形。前胸背板中部稍前最宽，向后较向前收缩强烈；前缘近直；两侧扁；基部中间后突；前角圆钝角形，后角钝角形；盘区隆起，中央刻点细而稀疏，向侧缘变粗密。鞘翅基部略宽于前胸背板基部，中部最宽;侧缘饰边细，未达翅端，由背面仅见基部；整个翅面有稀疏的浅圆小刻点并夹杂浅皱纹。腹部被金黄色毛。前足胫节端部外缘弱扩展，下侧凹。雄性前、中足第 1—4 跗节双叶状扩展。

生态习性：生活于高原草原草地，隐蔽于岩石下。

分布范围：中国青海、甘肃。

12. རྫོགས་ལྡན་ཚེར་ཟུང་སྐྱུར་བ། *Bioramix（Leipopleura）integra*
（Reitter，1887）

དབྱེ་འབྱེད་ཁྱད་ཆོས། གཟུགས་ཀྱི་རིང་ཚད་ནི་ཧའོ་སྨི9.0—14.0ཡིན། མདོག་ནག་པོ་ཡིན། འོད་ཚུང་གསལ་ལ་གཤོག་ཁྲབ་ལས་ལྷགས་རིགས་ཀྱི་འོད་ཆུང་འཕྲོ། རེག་རྭའི་རིང་ཚད་བྲང་མདུན་རྒྱབ་པང་གི་གཞི་ལས་འདས་ཤིང་། ཚིགས2—8ནི་ཀ་ཀླུམ་དབྱིབས་ཡིན་ལ། ཚིགས9—10བར་ནི་རིལ་གཟུགས་ལ་ཉེ་བ་དང་། མཇུག་སྣེའི་རྩེ་མོ་སྒོང་དབྱིབས་ཡིན། བྲང་མདུན་རྒྱབ་པང་གི་དཀྱིལ་གྱི་ཚུང་མདུན་ནི་ཞེང་ཆེ་ཞིང་། རྒྱབ་ཕྱོགས་ནི་མདུན་ཕྱོགས་ལས་ཚུང་ནང་དུ་བསྐུམས་ཡོད། མདུན་ཕྱོགས་དྲང་མོར་ཉེ་བ་དང་གཞོགས་གཉིས་ལེབ་མོ་ཡིན། རྐང་ལྷག་གི་དཀྱིལ་ནི་ཕྱི་ཙ་འབུར་བ་དང་། མདུན་ར་སྒོར་ཏུལ་གྱི་དབྱིབས་དང་རྒྱབ་ར་ནི་ཏུལ་དབྱིབས་ཡིན། རྗེར་ཁུལ་འབུར་དཀྱིལ་ནི་ཚུང་ཕྲ་ཞིང་ཐར་ཐོར་ཡིན་ལ་གཞོགས་སུ་སྦོམ་པོར་འགྱུར། གཤོག་ཁྲབ་ཀྱི་གཞི་གནས་ནི་བྲང་རྒྱབ་ཀྱི་གཞི་གནས་ལས་ཚུང་ཞེང་ཆེ། དབུས་ཞེང་ཆེ་ཞིང་། གཞོགས་ཀྱི་མཐའ་ནི་ཕྲ་ཞིང་གཤོག་པའི་སྣེ་ཙ་མ་ཐོན་པར་རྒྱབ་ངོས་ནི་རྐང་པ་ན་ལས་མཐོང་རྒྱུ་

མེད། གཞོག་ངོས་ཡོངས་ལ་སྲབ་ཅིང་ཆུང་བའི་བརྐོས་ཚོག་ཡོད་པ་མ་ཟད་གཉེར་མ་འདྲེས་ཡོད། ཕོ་བ་སེར་པོ་རེད། མདུན་སུག་གི་ཉ་ཚན་གྱི་སྡེ་ནི་ཕྱི་ཏུ་ཙུང་ཟད་འབུར་བ་དང་འོག་གཞོགས་ནང་དུ་བརྡེབས་ཡོད། ཕོ་རིགས་ཀྱི་མདུན་དང་བར་སུག་གི་ཚིགས1—4བར་གྱི་སྒེ་ཚོགས་འདབ་ཟུང་གི་དབྱིབས་སུ་རྒྱ་བསྐྱེད་ཡོད།

སྐྱེ་ཁམས་གོམས་གཤིས། མཐོ་སྒང་གི་རྩྭ་ཐང་དུ་འཚོ་ཞིང་བྲག་རྡོའི་འོག་ཏུ་འཚོ་སྡོད་བྱེད་ཀྱིན་ཡོད།

ས་ཁམས་ཁྱབ་ཚུལ། ཀྲུང་གོའི་མཚོ་སྔོན་དང་ཀན་སུའུ།

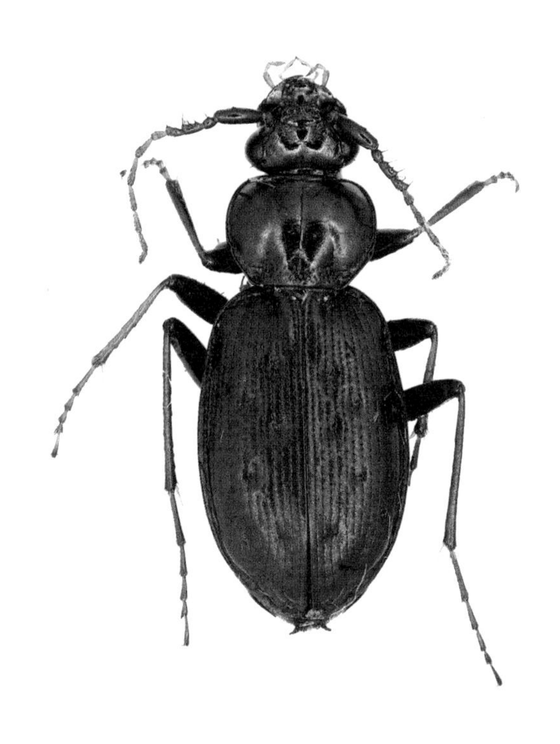

13. 奇毛角步甲 *Loricera mirabilis*（Jedlicka，1932）

识别特征：体长约 10 毫米。体背部暗色，具强烈金属光泽；触角及各足褐色，触角端部数节黄褐色，上唇近黑色。上颚不对称，下唇须筒状。头部小，复眼大而突出，黑色，复眼后具 2 根刚毛，复眼之间有深凹陷；触角第 2—4 节具特殊长刚毛，自第 4 节后仅具短刚毛。前胸背板近圆形，前缘略向后凹陷，侧边完全圆弧，于后角前不弯曲近直，后缘明显窄于前缘，前角不明显，后角钝圆，不向外突出；前胸背板盘区光洁，中缝深但不达基部，仅在近后缘处具少许深刻点，基凹外凹消失，深而长，靠近后角处略有深刻点。鞘翅卵圆形，具 12 列具刻点的条沟，基部毛穴消失，毛穴列完全连续。各足跗节腹面光洁。

生态习性：生活于高原林间山坡草地。步甲成虫和幼虫一般在地表活动，在农田、林区比较常见，白天躲藏在石下、土块下、枯枝落叶下或者土中，晚上出来觅食。卵产在土中。肉食性，常捕食跳虫、蜗牛等土壤小型动物。

分布范围：中国甘肃、青海、四川、西藏、云南。

གཤོག་ཁྲབ་སྲེ་ཁག Coleoptera
གོམ་འགྲོ་སྦུར་བ། Carabidae

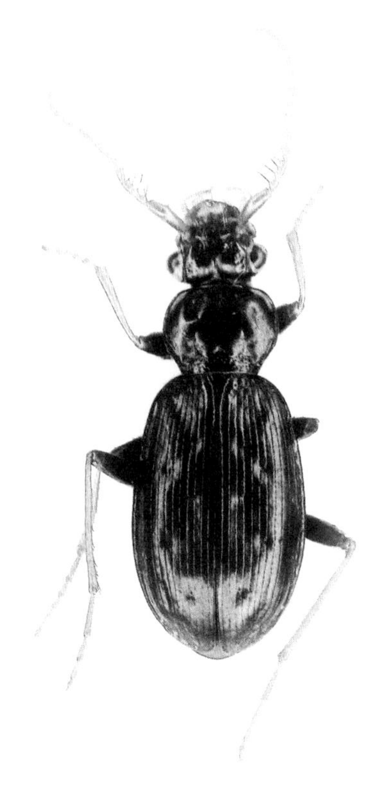

13. ར་སྤུ་མཚར་བའི་གོམ་འགྲོ་སྦུར་བ། *Loricera mirabilis* (Jedlicka, 1932)

དབྱེ་འབྱེད་ཁྱད་ཆོས། གཟུགས་ཀྱི་རིང་ཚད་ལ་ཕལ་ཆེར་ཧ་འོ་སྨི10ཡོད། ལུས་ཀྱི་རྒྱབ་ངོས་སུ་འོད་ནག་པོ་ཞིག་ཡོད་ཅིང་དེ་ལ་ལྕགས་རིགས་ཀྱི་འོད་མདངས་ལྡན། རེག་རྭ་དང་རྐང་བའི་མདོག་ནི་ཁམ་མདོག་ཡིན་པ་དང་། རེག་རྭའི་སྣེ་མོ་ཡི་མདོག་ནི་སྨུག་ཁམ་ཡིན་ལ་ཡ་མཆུ་ནི་ནག་པོ་ཡིན། ཡ་རྐན་ཆ་མི་འགྲིག་པ་དང་མ་མཆུ་ཡི་སྤུ་ཟེ་དབྱིབས་ཡིན། མགོ་བོ་ཆུང་ཞིང་ཚིགས་མིག་ཆེ་བ་དང་། མདོག་ནག་པོ་ཡིན་ལ། ཚིགས་མིག་གི་རྒྱབ་ལ་སྤུ་རྐང2ཡོད། ཚིགས་མིག་བར་དུ་ཞོམ་རྗེབ་ཡོད། རེག་རྭ་ཡི་ཚིགས2—4པའི་བར་ལ་དམིགས་བསལ་གྱི་སྤུ་རིང་པོ་ཡོད་པ་དང་། ཚིགས4ནས་བཟུང་སྤུ་རིང་པོ་མེད། མདུན་གྱི་བྲང་དང་རྒྱབ་ཀྱི་པང་ལེབ་ནི་སྒོར་དབྱིབས་ཙམ་ཡིན་ལ། མདུན་གྱི་མཐའ་ནི་རྒྱབ་ཕྱོགས་སུ་ཞོམ་པ་དང་། འགྲམ་ཟུར་ནི་སྒོར་གཞུ་ཡི་

དབྱིབས་ཡིན་ལ། རྒྱབ་ཀྱི་ར་ནི་མདུན་ཕྱོགས་སུ་གུག་མེད་ཅིང་དྲང་པོ་ཡིན། རྒྱབ་ཀྱི་མཐའ་ནི་མངོན་གསལ་གྱིས་སྔོན་གྱི་མཐའ་ལས་དོག་ཅིང་། མདུན་གྱི་ར་ནི་མངོན་གསལ་མིན་ལ། རྒྱབ་ཀྱི་ར་ནི་རྡོ་མེད་སྔོར་མོ་ཡིན་པས་ཕྱི་ལ་འབུར་མེད། མདུན་ཐྲང་རྒྱབ་པང་གི་འབུར་ཁུལ་ནི་གཙང་དག་ཡིན་ལ། བར་གྱི་གས་སྲུབས་གཏིང་ཟབ་མོད། འོན་ཀྱང་རྨང་གཞིར་མ་ཐོན་པར་ཉེ་བའི་མཇུག་མཐའི་ཁུལ་དུ་གཏིང་ཟབ་པའི་བཀྲོས་ཚག་ཡོད་པ་དང་། དེ་ནི་རྨང་གཤོང་ཕྱི་གཤོང་མེད་ལ་ཟབ་ཅིང་རིང་པོ་ཡིན། རྒྱབ་ར་དང་ཉེ་བའི་ཕྱོགས་སུ་གཏིང་ཟབ་པའི་ཆ་ཚུང་ཡོད། གཤོག་ཁྲབ་ནི་སྒོང་དབྱིབས་ཡིན་ལ། དེར་བཀྲོས་ཚག12ཙམ་གྱི་ཤུར་ཞིག་ཡོད་ཅིང་། རྨང་ཁུལ་དུ་སྤུ་ཁུང་མེད་པར་གྱུར་ཅིང་། སྤུ་ཁུང་གི་རིམ་པ་ཡོངས་སུ་སྦྲེལ་ཡོད། རྐང་པ་སོ་སོའི་སྨེ་ཚོགས་ཀྱི་ངོས་གཙང་མ་ཡིན།

སྐྱེ་ཁམས་གོམས་གཤིས། མཐོ་སྒང་གི་ནགས་ཁྲོད་རི་ལྡེབས་ཀྱི་རྩྭ་ཐང་དུ་འཚོ་སྡོད་བྱེད་ཀྱིན་ཡོད། གོམ་པའི་འབུ་དང་འབུ་ཕྲུག་སྲིར་བཏང་ས་ངོས་སུ་རྒྱུ་བ་དང་། ཞིང་ས་དང་ནགས་ཁུལ་དུ་རྒྱུན་དུ་མཐོང་རྒྱུ་ཡོད་ཅིང་། ཉིན་མོ་རྡོའི་འོག་དང་། ས་རྡོག་གི་འོག ཡལ་ག་སྙམ་པོ་ལོ་མ་ལྷུང་བའམ་ཡང་ན་ས་ནང་དུ་གབ་ནས་སྡོད་པ་དང་། མཚན་མོར་ལྟོ་འཚོལ་གྱིན་ཡོད། སྒོ་ང་ས་ནས་ཐོན། ཤ་གཟན་གྱི་རང་བཞིན་ལྡན་པས་རྒྱུན་དུ་འབུ་དང་ས་འབུ་ནག་རིང་སོགས་ས་རྒྱུའི་སྲོག་ཆགས་ཆུང་གྲས་ཟ་བ་རེད།

ས་ཁམས་ཁྱབ་ཚུལ། ཀྲུང་གོའི་ཀན་སུའུ་དང་མཚོ་སྔོན། སི་ཁྲོན། བོད་ལྗོངས། ཡུན་ནན།

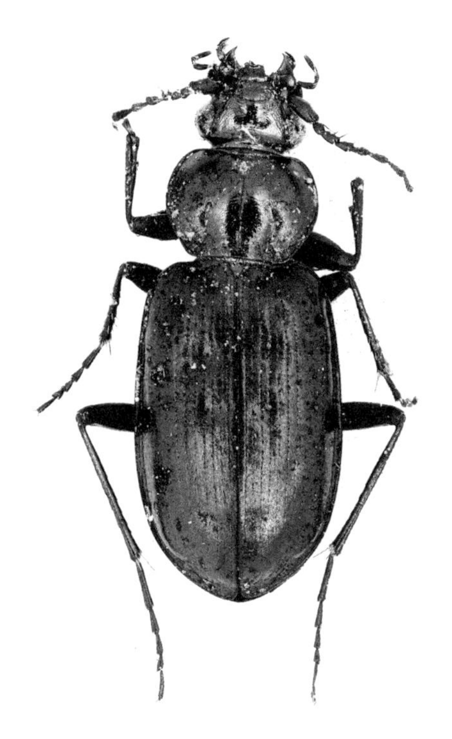

14. 黯毛角步甲　*Loricera obsoleta* Semenov，1889

识别特征：体长约 10 毫米。体背具强烈金属光泽，触角及各足黑色，上唇深色，上颚不对称，下唇须筒状。头部小，复眼大，黑色，复眼后具 2 根刚毛；触角第 2—4 节具特殊长刚毛，自第 4 节后仅具短刚毛。前胸背板近圆形，前缘略向后凹陷，侧边完全圆弧，于后角前不弯曲，后缘明显窄于前缘，后角钝圆，不向外突出；前胸背板盘区光洁，中缝深但不达基部，仅在近后缘处具少许深刻点。鞘翅卵圆形，前角圆，具 12 列具刻点的条沟。鞘翅基部毛穴消失，毛穴列不完全连续，在中部中断。各足跗节腹面光洁。

生态习性：生活于高原河谷山坡草地。

分布范围：中国甘肃、青海、四川、西藏。

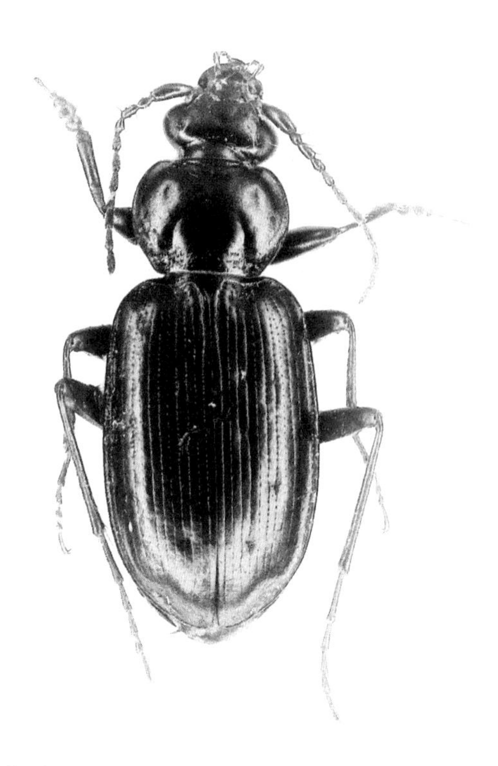

14. ར་སྤྱུ་ནག་པའི་གོམ་འགྲོ་སྦུར་བ། *Loricera obsoleta* Semenov，1889

དབྱེ་འབྱེད་ཁྱད་ཆོས། གཟུགས་ཀྱི་རིང་ཚད་ལ་ཕལ་ཆེར་ཧའོ་སྨི10ཡོད། ལུས་ཀྱི་རྒྱབ་ངོས་སུ་ལྕགས་རིགས་ཀྱི་འོད་མདངས་ལྡན་པ་དང་། རིག་ར་དང་རྐང་པ་ནག་པོ་ཡིན། ཡ་མཆུ་དང་མ་ནི་ཆ་མི་འགྲིག་པ་དང་། མ་མཆུ་ཏུ་ཟོ་དབྱིབས་ཀྱི་སྤུ་སྐྱེས་ཡོད། མགོ་ཆུང་ལ་ཚིགས་མིག་ཆེ་བ་དང་། མདོག་ནག་པོ་ཡིན་ལ། ཚིགས་མིག་གི་རྒྱབ་ལ་སྤྱུ་རྐང2ཡོད། རིག་ར་ཡི་ཚིགས2—4པའི་བར་ལ་དམིགས་བསལ་གྱི་སྤུ་རིང་པོ་ཡོད་པ་དང་། ཚིགས4ནས་བཟུང་སྤུ་རིང་པོ་མེད། མདུན་གྱི་བྲང་དང་རྒྱབ་ཀྱི་པང་ལེབ་ནི་སྒོར་དབྱིབས་ཙམ་ཡིན་ལ། མདུན་གྱི་མཐའ་ནི་རྒྱབ་ཕྱོགས་སུ་ཞོམ་པ་དང་། འགྲམ་ཟུར་ནི་སྒོར་གཞུ་ཡི་དབྱིབས་ཡིན་ལ། རྒྱབ་ཀྱི་ར་ནི་མདུན་ཕྱོགས་སུ་གུག་མེད་ཅིང་དྲང་པོ་ཡིན། རྒྱབ་ཀྱི་མཐའ་ནི་མངོན་གསལ་གྱིས་སྔོན་གྱི་མཐའ་ལས་ངོག་ཅིང་། མདུན་གྱི་ར་ནི་མངོན་གསལ་མིན་ལ། རྒྱབ་ཀྱི་ར་ནི་རྣོ་མེད་སྒོར་མོ་ཡིན་པས་ཕྱི་ལ་འབུར་མེད། མདུན་བྲང་རྒྱབ་པང་གི་འབུར་ཁྱུལ་ནི་གཙང་དག་ཡིན་ལ། བར་གྱི་གས་སྒྲུབས་གཏིང་ཟབ་མོད། འོན་

ཀྱང་རྨང་གཞིར་མ་ཐོན་པར་ཉེ་བའི་མཇུག་མཐའི་ཁུལ་དུ་གཏིང་ཟབ་པའི་བཀོས་ཆོག་ཡོད་པ་དང་། དེ་ནི་རྨང་གཞོང་ཕྱི་གཞོང་མེད་ལ་ཟབ་ཅིང་རིང་པོ་ཡིན། རྒྱབ་རྣ་དང་ཉེ་བའི་ཕྱོགས་སུ་གཏིང་ཟབ་པའི་ཆ་ཤུང་ཡོད། གཤོག་ཁྲབ་ནི་སྔོང་དབྱིབས་ཡིན་ལ། དེར་བཀོས་ཆོག12ཙན་གྱི་ཤུར་ཞིག་ཡོད་ཅིང་། རྨང་ཁུལ་དུ་སྤྱུ་ཁུང་མེད་པར་གྱུར་ཅིང་། སྤྱུ་ཁུང་གི་རིམ་པ་ཡོངས་སུ་སྒྲིལ་ཡོད། ཞང་བ་སོ་སོའི་སྲེ་ཚོགས་ཀྱི་ངོས་གཙང་མ་ཡིན།

སྐྱེ་ཁམས་གོམས་གཤིས། མཐོ་སྒང་གི་ལུང་ཤུར་གྱི་རི་ལྡེབས་ན་འཚོ་བཞིན་ཡོད།

ས་ཁམས་ཁྱབ་ཚུལ། ཀྲུང་གོའི་ཀན་སུའུ་དང་མཚོ་སྔོན། སི་ཁྲོན། བོད་ལྗོངས།

15. 谦步甲 *Carabus*（*Scambocarabus*）*modestulus*（Sémenow，1887）

识别特征：体中小型，体长 16—18 毫米；体黑褐色，头部、前胸背板及鞘翅具金属铜色到黄绿色光泽。头部具沟纹及刻点，触角向后约达距鞘翅基部 1/4 处，亚颏具刚毛。前胸背板宽大于长，最宽处位于距端部 1/2 处，前角钝圆，前缘凹，侧缘弧形，后角宽圆，向后突出，前胸背板表面密布刻点，中部中线附近略光洁，中线明显。鞘翅卵圆形，最宽处约位于鞘翅中部，主行距特化为连续的瘤突，二级行距特化为略小的连续瘤突，三级行距为更小的瘤突列。

生态习性：生活于高原林间山坡草地。

分布范围：中国青海、甘肃、四川。

15. ཆན་ཕུའུ་ཅ། *Carabus* (*Scambocarabus*) *modestulus* (Séménow， 1887)

དབྱེ་འབྱེད་ཁྱད་ཆོས། རིགས་འབྱིང་ཆུང་གི་གྲས་ཡིན་པ་དང་ལུས་པོའི་རིང་ཚད་ནི་ཧའོ་སྨི16—18ཡིན། ལུས་ཀྱི་མདོག་ནི་སྨུག་སྐྱ་ཡིན་པ་དང་། མགོ་དང་བྲང་གི་རྒྱབ་ལེབ། གཤོག་ཁྲབ་ལས་ལྕགས་རིགས་ཀྱི་ཟངས་མདོག་དང་སེར་ལྗང་གི་འོད་འཕྲོ་བཞིན་ཡོད། མགོ་ལ་ཤུར་རིས་དང་བརྐོས་ཚེག་ཡོད་པ་དང་། རིག་ར་རྒྱབ་ཕྱོགས་སུ་ཧ་ལམ་གཤོག་ཁྲབ་ཀྱི་ཆ་རང་གི1/4ཕྱོགས་ཡོད་པ་དང་། ཡ་ནི་ལ་སྤུ་རྩིང་པོ་སྐྱེས་ཡོད། བྲང་མདུན་རྒྱབ་པང་ནི་རིང་བ་དང་ཞེང་ཆེས་ཆེ་བ་ནི་སྟེ་མོ་ཡི་བར་ཐག་གི1/2ཙམ་གྱི་མཚམས་སུ་ཡོད། མདུན་ར་རྟུལ་སྒོར་དང་མདུན་མཐའ་ནི་ནང་དུ་བརྡིབས་ཡོད། མཐའ་འགྲམ་ནི་གཞུ་དབྱིབས་སུ་སྣང་། རྒྱབ་ར་ཞེང་ཆེ་ཞིང་རྒྱབ་ཏུ་ཕྱོགས་ཡོད། བྲང་མདུན་རྒྱབ་པང་ངོས་སུ་བཀོས་ཚེག་ཡོད། དཀྱིལ་གྱི་ཉེ་འགྲམ་ལ་འོད་ཟེར་འཕྲོ་བ་དང་། དཀྱིལ་གྱི་དཀྱིལ་ཐིག་མངོན་གསལ་ཡིན། གཤོག་ཁྲབ་སྒོར་མོ་ཡིན་པ་དང་། ཆེས་ཡངས་ས་དེ་གཤོག་ཁྲབ་དཀྱིལ་དུ་གནས་པ་དང་། ཐིག་གཙོ་བོ་ནི་རྒྱུན་མཐུད་ཀྱི་སྐྲན་འབུར་དུ་འགྱུར་ལ། རིམ་པ་གཉིས་

པའི་བར་ཐག་ནི་ཐུང་ཆུང་བའི་སྣུ་འབྲེལ་སྐྲན་དུ་གྱུར་ཅིང་། རིམ་གསུམ་བར་ཐག་ནི་དེ་བས་ཆུང་བའི་སྐྲན་འབུར་དུ་གྱུར།

སྐྱེ་ཁམས་གོམས་གཤིས། མཐོ་སྒང་གི་ནགས་ཁྲོད་རི་ལྡེབས་ཀྱི་རྩྭ་ཐང་དུ་འཚོ་སྡོད་བྱེད་ཀྱིན་ཡོད།

ས་ཁམས་ཁྱབ་ཚུལ། ཀྲུང་གོའི་མཚོ་སྔོན་དང་ཀན་སུའུ། སི་ཁྲོན།

16. 普氏肉步甲 *Broscus przewalskii*（Semenov，1889）

识别特征：体大型，20 毫米以上，体背黑色，十分光洁。头部在眼后有较浅的横凹；触角短，不到达前胸背板后部，自第 4 节起具额外短刚毛。前胸背板近心形，最宽处约在中部，前缘平直，前角平，不突出，侧缘圆弧，在中部之后急剧收狭，在后角前强烈扭曲，后角前完全平直，后角不明显；侧缘前 1/4 处具一根刚毛，后角毛位于后角前。前胸背板隆起而光洁，中缝较为明显。鞘翅卵圆形，十分突出，基部毛穴消失，小盾片条沟及鞘翅条沟较浅，表面刻点不明显且肩后的刻点排列不规则。鞘翅基部变窄，前缘与前胸背板后缘相接处变窄且凹陷。各足跗节腹面光洁。

生态习性：生活于高原林间阳坡草地或河边草地。

分布范围：中国西藏、青海、四川、甘肃。

16. ཕྲུའུ་ཧྲི་ཧྲིའི་རྡུས་ཀྱི་གོམ་འགྲོ་སྲིན་བ། *Broscus przewalskii*（Semenov，1889）

དབྱེ་འབྱེད་ཁྱད་ཆོས། གཟུགས་པོ་ཆེ་བའི་རིགས་ཡིན་ལ་རིང་ཚད་ལ་ཧ་ལི་སྨི20ཡན་དང་། རྒྱབ་ནི་ནག་པོ་ཡིན་ལ་འོད་མདངས་ལྡན་པ་ཞིག་ཡིན། མགོ་ཡི་མིག་གི་རྒྱབ་ཏུ་ཚུང་གཉིང་ཟབ་པའི་འཕྲེད་གཤོང་ཞིག་ཡོད། རེག་རྭ་ཐུང་ཞིང་ཐུང་ཁའི་རྒྱབ་པང་གི་རྒྱབ་ཏུ་མ་སླེབས་པར། ཚིགས4ནས་བཟུང་སྤུ་ཐུང་ངུ་ཞིག་ཡོད། བྲང་མདུན་རྒྱབ་པང་སྙིང་གི་དབྱིབས་ལ་ཉེ་བ་དང་། ཞིང་ཆེས་ཆེ་ས་ནི་དཀྱིལ་ཡིན་ལ། མདུན་མཐའ་དྲང་མོ་ཡིན། མདུན་རྭ་སྐོམས་པས་འབུར་ཐོན་མིན་པ་དང་། མཐའ་སྒེ་སྒོར་གཞུ་ཡི་དབྱིབས་ཡིན་ལ། དབུས་ཁུལ་གྱི་རྗེས་ནི་སྒྱུར་དུ་དོག་མོར་འགྱུར་ཡོད་ཅིང་། རྒྱབ་རྭ་ཡི་སྦྲོན་ལ་ནང་དུ་གུག་ཡོད་ལ། རྒྱབ་རྭ་དྲང་པོར་གནས་ཀྱང་མངོན་གསལ་མིན། གཤོགས་མདུན་གྱི1/4གི་མདུན་ལ་སྤུ་སྲ་མོ་ཞིག་ཡོད་པ་དང་། རྒྱབ་རྭ་ཡི་སྤུ་ནི་རྒྱབ་རྭ་ཡི་མདུན་དུ་ཡོད། བྲང་མདུན་རྒྱབ་པང་ཡར་འབུར་ལ་གཙང་དག་ཡིན་པ་དང་དཀྱིལ་སྒུབས་ཚུང་

མངོན་གསལ་ཡིན། གཞོག་ཁྲབ་ནི་སྒོང་དབྱིབས་ཅན་ཡིན་ལ། ཧ་ཅང་འབུར་དུ་ཐོན་ཡོད། རྩ་རྨང་གི་སྲུ་ཁུང་མེད་པ་དང་། ཕུབ་ཆུང་གི་ཤུར་དང་གཞོག་ཁྲབ་ཀྱི་ཤུར་ཧུང་སྲབ་པས། ཕྱི་ངོས་ཀྱི་བཀོས་ཚོག་མངོན་གསལ་མིན་ཞིང་ཕྲག་རྒྱབ་ཀྱི་བཀོས་ཚོག་ཚད་ལྡན་མིན་པ་རེད། གཞོག་ཁྲབ་ཀྱི་གཞི་ཆ་ཤས་དོག་པོར་གྱུར་ནས་མདུན་སྣེ་དང་མདུན་ཐྲང་རྒྱབ་པང་གི་སྣེ་ཕན་ཚུན་འབྲེལ་ཞིང་དོག་པོར་གྱུར་ལ་ཞོམ་པ་རེད། ཏིང་པ་སོ་སོའི་སྲེ་ཚོགས་ཀྱི་ངོས་གཙང་མ་ཡིན།

སྐྱེ་ཁམས་གོམས་གཤིས། མཐོ་སྒང་གི་ནགས་ཚལ་བར་གྱི་ཉིན་ཁའི་རྩྭ་ཐང་ངམ་ཡང་ན་ཆུ་འགྲམ་གྱི་རྩྭ་ཐང་དུ་འཚོ་བཞིན་ཡོད།

ས་ཁམས་ཁྱབ་ཚུལ། ཀྲུང་གོའི་བོད་ལྗོངས་དང་མཚོ་སྔོན། སི་ཁྲོན། ཀན་སུའུ།

17. 西藏婪步甲 *Harpalus*（*Harpalus*）*tibeticus*（Andrewes，1930）

识别特征：体长 10—12 毫米，体背光洁，黑色，有光泽。头背面无毛；上颚较短粗；额沟短，不向复眼方向延伸；颏齿多样；负唇须节不具纵脊。前胸背板近方形，前缘凹，前角凸出，两侧缘微弧形，在后角之前不弯曲，后角近直角；前胸背板基部均具刻点，基凹浅而宽阔。小盾片行长。鞘翅宽卵形，条沟明显，不被毛。鞘翅缘折端部褶皱深，形成钝齿；第 3 行距通常具 2—3 毛穴；鞘翅第 5、7 行距无毛穴。跗节背面无毛无刺。后足腿节近后缘刚毛数多样，一般大于 3 根；前足胫节外端角一般不膨大，端距简单，不具齿；跗节背面无毛，第 5 跗节腹面仅具刚毛。

生态习性：生活于高原林间草地。

分布范围：中国青海、四川、云南、西藏；尼泊尔。

17. བོད་ཀྱི་གོམ་འགྲོ་སྲུར་བ། *Harpalus (Harpalus) tibeticus* (Andrewes, 1930)

དབྱེ་འབྱེད་ཁྱད་ཆོས། གཟུགས་པོའི་རིང་ཚད་ལ་ཧའོ་སྨི10—12དང་། གཟུགས་པོའི་རྒྱབ་འོད་དང་ལྡན་ལ་མདོག་ནག་པོ་ཡིན། མགོའི་རྒྱབ་ངོས་སུ་སྤུ་མེད་པ་དང་། ཡ་ནེ་ཐུང་ཞིང་སྒྲོམ་ལ། དཔྲལ་ཤུར་ཐུང་ཡང་ཚོགས་མིག་གི་ཕྱོགས་སུ་བསྲིངས་མེད། ཀོས་ཀོ་ཡི་སོ་མང་བ་དང་མཚུ་ཧྲོའི་ཚོགས་ལ་གཞུང་སྐལ་མི་དགོས། བྲང་མདུན་རྒྱབ་པང་ནི་གྲུ་བཞི་དང་། མདུན་སྣེ་ནང་དུ་རྫིབ་ལ། མདུན་ར་ཕྱིར་འབུར་ཡོད། མཐའ་འགྲམ་གཉིས་ནི་གཞུ་དབྱིབས་སུ་སྣང་ལ། རྒྱབ་རའི་སྦོན་ནང་ལ་གུག་མེད་པ། རྒྱབ་ར་ནི་དྲང་འཕྱང་དུ་གནས་པ་དང་། བྲང་མདུན་རྒྱབ་པང་གི་རྨང་ཚང་མར་བཀོས་ཚེག་ཡོད་པ་དང་། རྨང་གཤོང་ཞིང་རྒྱ་ཆེ་ལ། ཞུབ་ཆུང་གི་མགོ་རིང་། གཤོག་ཁྲབ་ཀྱི་སྒོང་དབྱིབས་ནི་ཤུར་གསལ་ཞིང་སྤུ་ཡིས་ཁེབས་མེད། གཤོག་ཁྲབ་

ཀྱི་མཐའ་ལྟེབ་ཀྱི་སྣེ་ཡི་གཉེར་མ་ཟབ་པས་རྟུལ་སོ་ཆགས་པ་དང་། ཚིགས3པའི་བར་ལ་སྤྱིར་བཏང་དུ་སྤུ་ཁུང2—3ཡོད། གཤོག་ཁྲབ་ཚིགས5、7བར་དུ་སྤུ་ཁུང་མེད་པ་དང་། སྲེ་ཚིགས་ཀྱི་རྒྱབ་ངོས་ན་སྤུ་མེད་ལ་ཚེར་མའང་མེད། རྐང་པའི་རྒྱབ་ཀྱི་སུག་ཚིགས་ཀྱི་ཉེ་རྒྱབ་ན་སྤུ་མང་པོ་ཡོད་ཅིང་། སྤྱིར་བཏང་དུ་སྤུ་རྐང་གསུམ་ལས་བརྒྱལ་ཡོད་དེ། མདུན་སུག་གི་ཉ་ཆེན་གྱི་ཕྱི་སྣེ་ཆེ་ཏུ་མི་འགྲོ་བ་དང་། སྣེ་ཡི་བར་ཐག་སྟབས་བདེ་ཡིན་ལ་སོ་ཡང་མེད་པ་ཞིག་ཡིན། སྲེ་ཚིགས་ཀྱི་རྒྱབ་ངོས་སུ་སྤུ་མེད་ལ། མདུན་སུག་ལྟ་བའི་ཚིགས་ཀྱི་ངོས་ལ་སྤུ་སྲ་མོ་མ་གཏོགས་མེད།

སྐྱེ་ཁམས་གོམས་གཤིས། མཐོ་སྒང་གི་ནགས་གསེབ་ཀྱི་སྤང་ཐང་དུ་འཚོ་བཞིན་ཡོད།

ས་ཁམས་ཁྱབ་ཚུལ། ཀྲུང་གོའི་མཚོ་སྔོན་དང་སི་ཁྲོན། ཡུན་ནན། བོད་ལྗོངས་བཅས་དང་། བལ་པོ།

18. 孤通缘步甲 *Pterostichus*（*Chinapterus*）*singularis*（Tschitscherine，1889）

识别特征：体小型，体长约 10—12 毫米；体型粗壮，各足较短。体背面黑色，鞘翅略具光泽。复眼较大，突出，复眼后方具两根刚毛。前胸背板方形，表面光洁，后角钝圆或略突出；基凹略深，内外纵沟融合为单一的浅凹，基部密被刻点。后胸前侧片短。鞘翅条沟浅，行距平坦，小盾片条沟完整，鞘翅基部毛穴存在，鞘翅条沟连续。第 3 行距具 2 毛穴。各足第 5 跗节腹面具刚毛；第 9 行距毛穴列中部较稀疏，鞘翅缘折端褶通常不明显；中足腿节后缘具 4 根以上的刚毛；后足跗节外侧脊不明显。雄性末腹板无第二性征。

生态习性：生活于高原林间草地。

分布范围：中国青海、甘肃。

18. ཁེར་བརྒྱུད་གོམ་འགྲོ་སྦུར་བ། *Pterostichus*（*Chinapterus*）*singularis*（Tschitscherine，1889）

དབྱེ་འབྱེད་ཁྱད་ཆོས། གཟུགས་ནི་ཆུང་ཞིང་། གཟུགས་པོའི་རིང་ཚད་ལ་ཕལ་ཆེར་ཧྲ་མོ་སྨི10—12 བར་ཡོད་པ་དང་། གཟུགས་པོ་སྒོམ་ཞིང་རིང་ལ་རྐང་བ་ཐུང་། རྒྱབ་ངོས་ནག་པོ་ཡིན་ལ་གཤོག་ཁྲབ་ལ་འོད་མདངས་ལྡན། ཚོགས་མིག་ཆེ་བ་དང་འབུར་དུ་ཐོན་ལ། ཚོགས་མིག་གི་རྒྱབ་ཕྱོགས་སུ་སྤུ་རྐང་གཉིས་ཡོད། བྲང་མདུན་རྒྱབ་པང་ནི་གྲུ་བཞི་ཡིན་ལ་ཕྱི་ངོས་ལ་འོད་མདངས་ལྡན། རྒྱབ་ར་ནི་ཏུལ་སྒོར་གྱི་དབྱིབས་ཡིན་ལ་ཅུང་འབུར་དུ་ཐོན་ཡིན། ཟུར་གཞོང་ཅུང་ཟབ་པ་དང་། ཕྱི་ནང་གི་གཞུང་ཤུར་ནི་ཁེར་རྐྱང་གི་གཏིང་ངོས་ཡིན་པ་དང་། ཟུར་ཁུལ་གྱི་སྟུག་ས་བཀོས་ཚོག་ཡོད། བྲང་ཁའི་རྒྱབ་ངོས་ཀྱི་ལྟེབ་ཐུང་བ་དང་། གཤོག་ཁྲབ་ཤུར་གཏིང་ཐུང་ཞིང་བར་ཐག་སྐྱོམས་ལ། ཐུབ་ཆུང་གི་ཤུར་ཆ་ཚང་བ་ཡིན། གཤོག་ཁྲབ་ཀྱི་ཟུར་དུ་སྤུ་ཁུང་ཡོད་པ་དང་། གཤོག་ཁྲབ་ཀྱི་ཤུར་ནི་རྒྱུན་མཐུད་ཡིན། ཐིང3པའི་བར་དུ་སྤུ་ཁུང2ཡོད་པ་དང་། སྲི་ཚིགས5བའི་ངོས་སུ་སྤུ་རྩུབ་མོ་ཞིག་ཡོད། ཐིང9བའི་སྤུ་ཁུང་གི་དཀྱིལ་ཐར་ཐོར་ཡིན་པ་དང་། གཤོག་ཁྲབ་ཀྱི་མཐའ་ལྟེབ་ཀྱི་ལྟེབ་གཉེར་ནི་མངོན་གསལ་མིན། རྐང་བའི་ཚིགས་རྒྱབ་ལ་སྤུ4ཡན་ཡོད་པ་དང་། སྲི་ཚིགས་ཕྱི་

ཕྱོགས་ཀྱི་རྒྱབ་ཏུས་མདོན་གསལ་མེན། ཕོ་ཡི་མཇུག་མའི་གསུམ་པར་མཚན་རྟགས་གཉིས་པ་མེད།

སྐྱེ་ཁམས་གོམས་གཤིས། མཐོ་སྒང་གི་ནགས་གསེབ་ཀྱི་སྤང་ཐང་དུ་འཚོ་བཞིན་ཡོད།

ས་ཁམས་ཁྱབ་ཚུལ། ཀྲུང་གོའི་མཚོ་སྔོན་དང་ཀན་སུའུ།

19. 铜绿通缘步甲 *Pterostichus*（*Bothriopterus*）*aeneocupreus*（Fairmaire，1887）

识别特征：体小型，体长 9.5—11.5 毫米。体背通常具强烈金属光泽，颜色变化较大，较常见的颜色为前胸背板绿色，鞘翅铜绿色，但也偶有全黑色个体。前胸侧边在后角之前强烈弯曲，后角突出，呈锐角，十分尖锐；基凹内侧沟略弯曲，基凹沟与侧边之间平坦，多刻点。鞘翅无基部毛穴；第 3 行距具 3 毛穴，毛穴不加宽；条沟较浅，沟底具细刻点；中足腿节后缘具 2 根刚毛；后足基节具 2 根刚毛；后足转节无刚毛；第 5 跗节腹面光洁；

后足跗节前2—3节外侧具脊。后胸前侧片长，后翅发达。雄性末腹板无第二性征。

生态习性：生活于高原林间草地。

分布范围：中国青海、陕西、甘肃、四川、云南、西藏；印度；不丹；尼泊尔。

19. ཟངས་ལྡང་མཐའ་འབྲེལ་གོམ་འགྲོ་སྦྲུར་བ། *Pterostichus*（*Bothriopterus*）*aeneocupreus*（Fairmaire，1887）

དབྱེ་འབྱེད་ཁྱད་ཆོས། གཟུགས་ཆུང་ལ་གཟུགས་ཀྱི་རིང་ཚད་ནི་ཧ་འོ་སྨི9.5—11.5ཡིན། ལུས་ཀྱི་རྒྱབ་ངོས་ལ་ལྕགས་རིགས་ཀྱི་འོད་མདངས་ལྡན་ཞིང་། ཁ་དོག་གི་འགྱུར་ལྡོག་ཅུང་ཆེ་ལ། ཅུང་རྒྱུན་མཐོང་གི་ཁ་དོག་ནི་ཐང་གི་རྒྱབ་པང་ལྗང་ཁུ་དང་། གཤོག་ཁྲབ་ནི་ཟངས་མདོག་དང་ལྗང་ཁུ་ཡིན་མོད། འོན་ཀྱང་སྐབས་འགར་ནག་ཀྲང་ཡང་ཡོད། མདུན་གྱི་ཐང་གི་མཐའ་འགྲམ་ནི་རྒྱབ་ར་ཡི་སྟོན་ལ་གུག་ཡོད་པ་དང་། རྒྱབ་ར་འབུར་ཡོད་པས་ཟུར་དབྱིབས་སུ་སྣང་ལ་ཏ་ཅང་རྣོ་ངར་ལྡན། རྨང་གཤོང་ནང་གཞོགས་ཀྱི་

ཤུར་ནི་རྩུང་གུག་ཡོད་པ་དང་། རྨང་གཤོང་ཤུར་དང་གཞོགས་མཐའ་བར་ཁོད་སློམས་ཤིང་བསྐོར་ཚོག་ཡོད། གཤོག་ཁྲབ་ལ་རྩ་བའི་སྤུ་ཁུང་མེད། ཐེང3པའི་བར་ལ་སྤུ་ཁུང3ཡོད་ཀྱང་། སྤུ་ཁུང་ཇེ་ཆེར་སོང་མེད། ཤུར་ལམ་རྩུང་སྲབ་པ་དང་ཤུར་ཞབས་རྩུང་ཞིབ་ཚགས་ཡིན། རྐང་བའི་ཚིགས་རྒྱབ་ལ་སྤུ་རྐང2ཡོད། རྐང་པ་ཕྱི་མའི་གཞི་རྩེའི་ཚིགས་ལ་སྤུ་རྐང2ཡོད་པ་དང་། རྐང་པ་རྗེས་མའི་ཚིགས་ལ་སྤུ་མེད། སེ་ཚིགས་ལྔ་བའི་ངོས་གཙང་དག་ཡིན། རྐང་བའི་སེ་ཚིགས2—3ཕྱི་གཞོགས་ལ་སྐལ་ཚིགས་ཡོད། རྒྱབ་ཀྱི་བྲང་དང་བྲང་ཁའི་ལྟེབ་རིང་ལ་རྒྱབ་ཀྱི་གཤོག་པའང་རྒྱས་ཡོད། ཕོ་ཡི་མཇུག་མའི་གསུམ་པར་མཚན་རྟགས་གཉིས་པ་མེད།

སྐྱེ་ཁམས་གོམས་གཤིས། མཐོ་སྒང་གི་ནགས་གསེབ་ཀྱི་སྤང་ཐང་དུ་འཚོ་བཞིན་ཡོད།

ས་ཁམས་ཁྱབ་ཚུལ། ཀྲུང་གོའི་མཚོ་སྔོན་དང་རྔའབ་ཞི། ཀན་སུའུ། སི་ཁྲོན། ཡུན་ནན། བོད་ལྗོངས་བཅས་དང་། རྒྱ་གར། འབྲུག་ཡུལ། བལ་པོ།

20. 健足暗步甲 *Amara*（*Curtonotus*）*validipes*（Tschitscherine，1888）

识别特征：体长 10—12 毫米，体黑褐色，略具光泽。触角短，约到达前胸基部，自第 4 节起具绒毛；复眼上方具 2 根刚毛；下唇须次末节内缘具多根刚毛。前胸背板近方形，前缘平直，前角较圆，不向前突出，侧缘略圆弧，在后角前略弯曲，后角近直角，不侧向突出，后缘近平直；侧缘中部具 1 根刚毛，后角毛位于后角处;前胸背板基凹浅，外侧具倾斜短脊，基凹区均匀被细刻点，前胸背板近后缘密被小刻点。鞘翅卵圆形，最宽处约在鞘翅中部，后翅退化；鞘翅无基部毛穴，小盾片条沟较长。前胸腹板突端部无边缘。各足跗节光洁。雄性中足腿节内缘具1—2个大齿突。

生态习性：生活于高原草原或林间草地。

分布范围：中国甘肃、青海、西藏。

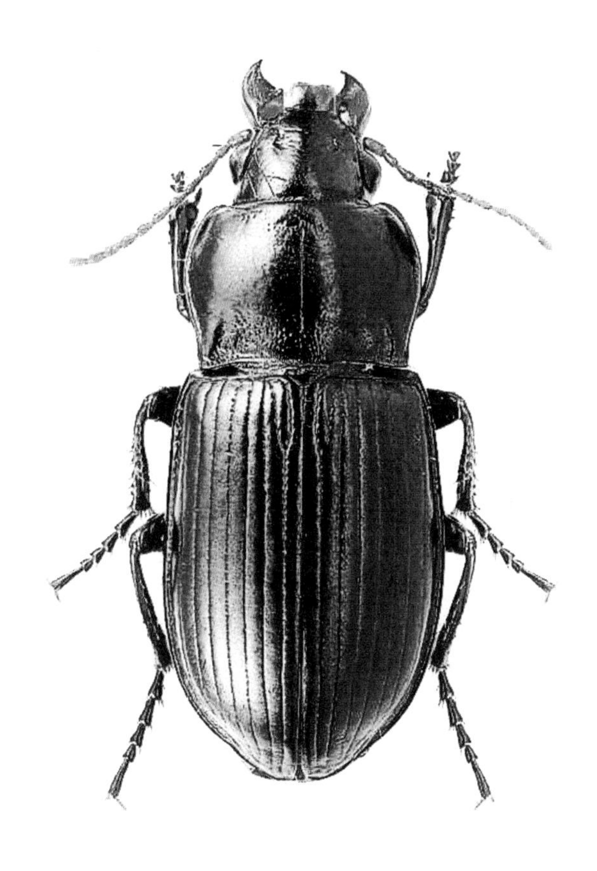

20. བདེ་ཐང་གོམ་འགྲོ་སྦུར་བ། *Amara* （*Curtonotus*） *validipes* （Tschitscherine, 1888）

དབྱེ་འབྱེད་ཁྱད་ཆོས། གཟུགས་པོའི་རིང་ཚད་ནི་ཧྥའོ་སྨི10—12ཡིན་པ་དང་། གཟུགས་པོའི་ཁ་དོག་སྨུག་ནག་ཡིན་ལ་འོད་མདངས་ཅུང་ལྡན། རེག་རྭ་ཐུང་ཞིང་ཕལ་ཆེར་མདུན་གྱི་བྲང་ཁར་ཐོན་ལ་ཚིགས་བཞི་བ་ནས་བཟུང་སྤུ་ལྡན་པ་དང་། ཚིགས་མིག་གི་སྟེང་དུ་སྤུ་རྐང2ཡོད། མ་མཆུ་ནི་ཕྱི་ཡི་མཇུག་མཐའི་ནང་མཐའ་ལ་སྤུ་རྐང་མང་པོ་ཡོད། བྲང་མདུན་རྒྱབ་པང་ནི་གྲུ་བཞི་ཡིན་པ་དང་། མདུན་སྣེ་དྲང་སྙོམས་ཡིན། མདུན་ར་ཅུང་སྒོར་མོ་ཡིན་པ་དང་མདུན་དུ་འབུར་མེད་ལ་གཞོགས་འགྲམ་ནི་གཞུ་དབྱིབས་སུ་སྣང་། རྒྱབ་རྭ་ནི་མདུན་ཕྱོགས་སུ་ཅུང་གུག་པ་དང་རྒྱབ་རྭ་ནི་དྲང་ཟུར་དང་ཉེ་བ་ཡིན་ལ། གཞོགས་སུ་མི་

འབྱུར་བར་རྒྱབ་སྒེ་ནི་དྲང་མོ་ཡིན། ཟུར་སྒེའི་དཀྱིལ་ལ་སྤུ་ཐང་གཅིག་ཡོད་པ་དང་། རྒྱབ་སྤུ་ནི་རྒྱབ་རུ་ཡི་མཚམས་ན་ཡོད། བྲང་མདུན་རྒྱབ་པང་གི་གཏིང་ངོས་དང་། ཕྱི་གཞོགས་སུ་སྐལ་ཐུང་གསེག་ཡོད། རྔ་གཤོང་སློམས་པོ་ཡིན་པ་དང་དེ་ལ་བཀྲོས་ཚེག་ཡོད། བྲང་མདུན་རྒྱབ་པང་གི་མཐའ་འགྲམ་ན་བཀྲོས་ཚེག་ཆུང་ཆུང་མང་པོ་ཡོད། གཤོག་ཁྲབ་ནི་སྔོང་དབྱིབས་ཡིན་ལ། ཞིང་ཆེས་ཆེ་བའི་གནས་ནི་གཤོག་ཁྲབ་ཁྲིད་དང་རྒྱབ་ཀྱི་གཤོག་པ་ཉམས་པ་ཡིན། གཤོག་ཁྲབ་ལ་གཞི་ལུས་མེད་པའི་སྤུ་ཁུང་དང་ཐུབ་ཆུང་གི་ཤུར་རྩུང་རིང་པོ་ཡོད། བྲང་མདུན་གྱི་འབྱུར་སྒེ་ལ་མཐའ་མེད། སྲེ་ཚོགས་རེ་རེ་བཞིན་གཙང་མ་ཡིན། ཕོ་ཡི་ཕང་བའི་ཚོགས་ཀྱི་ནང་སྒེ་ལ་མཆེ་སོ1—2ཡོད།

སྐྱེ་ཁམས་གོམས་གཤིས། མཐོ་སྒང་གི་རྩྭ་ཐང་ངམ་ཡང་ན་ནགས་གསེབ་ཀྱི་སྤང་ཐང་དུ་འཚོ་བཞིན་ཡོད།

ས་ཁམས་ཁྱབ་ཚུལ། ཀྲུང་གོའི་ཀན་སུའུ་དང་མཚོ་སྔོན། བོད་ལྗོངས།

21. 寡肋亡葬甲 *Thanatophilus roborowskyi* （Jakovlev，1887）

识别特征：体中小型，体长 9—12 毫米，较宽阔，黑色至暗黑褐色，无光泽，仅臀板及前臀板端部褐色或棕红色。体表黑色绒毛，具细而浅的刻点。头部具细密刻点，头部在复眼后缢缩，触角端部膨大，末 3 节被毛颜色略浅，被灰黄色微毛。前胸背板横椭圆形，表面密被刻点，侧边发达，平展，中部略突，具一个浅纵凹。小盾片宽短，后缘中央尖角状。鞘翅肩部圆，不具小齿，仅最外侧的肋显著，内侧两条肋不明显，但隐约可见；雄性鞘翅末端弧圆，雌性鞘翅端缘波状。雌性翅端近中缝处明显延长，亚近中缝处显著内凹；鞘翅刻点较前胸背板略稀疏、细小，约端部 1/3 处中央陡然下凹，形成 1 个近半球形的陡坡。腹面刻点细浅，雌性前臀板背片端部弧形前凸，凸弧中部以浅楔形急凹，腹片端部双曲形凹缺，中部的尖端长且尖锐。

生态习性：生活于高原河谷河流两侧山坡。

分布范围：中国青海、甘肃、四川、西藏。

གཤོག་ཁྲབ་སྦེ་ཁག Coleoptera
ཙང་ཙ་ཚན་པ། Sliphidae

21. ཁིར་རྫོའི་ཙང་ཙ། *Thanatophilus roborowskyi* (Jakovlev, 1887)

དབྱེ་འབྱེད་ཁྱད་ཆོས། རིགས་འབྲིང་ཆུང་ཡིན་ལ་ལུས་པོའི་རིང་ཚད་ལ་ཧའོ་སྨི9—12ཡོད་པ་དང་། ལུས་པོའི་ཁ་ཞེང་ཅུང་ཆེ་བ་དང་། མདོག་ནག་པོ་ནས་ནག་སྐྱ་ཡིན་ལ་འོད་མདངས་མེད། འཕོངས་ཀྱི་ངོས་དང་མདུན་འཕོངས་ཀྱི་སྣེ་ཡི་མདོག་སྨུག་ནག་གམ་ཡང་ན་དམར་སྨུག་ཡིན། ལུས་ལ་ཁུ་སྤུ་ནག་པོ་ཡོད་ལ་སྲ་ཞིང་སྲབ་པའི་བཀྲོས་ཆོག་ཡོད། མགོ་ནི་ཚོགས་མིག་གི་རྒྱབ་ནས་ཕྱིར་འདྲེན་བྱས་ཡོད་ཅིང་། རེག་རྭ་ཆེ་ཞིང་མཇུག་གི་སྤུ་ཡི་ཁ་དོག་ཅུང་སྲབ་པས་སྤུ་ཅུང་སྐྱ་བོར་གྱུར་ཡོད། བྱང་མདུན་རྒྱབ་པང་ནི་འཛོང་དབྱིབས་ཅན་ཞིག་ཡིན་ལ། ཕྱི་ངོས་སྟུག་པོར་བཀྲོས་ཡོད་པ་དང་། གཤོགས་ངོས་དར་རྒྱས་ཆེ་ཞིང་སྒོམས་པོར་བརྒྱངས་

ཡོད་ལ། དབུས་རྒྱུད་ཙུང་ཕྲི་ཏ་འབུར་ཡོད་ཅིང་། དེ་ལ་གཏིང་ངོས་ཤིག་ཡོད་པ་རེད། ཕུབ་ཆུང་ལེབ་མོ་ཞིང་ཆེ་བ་དང་། རྒྱབ་མཐའི་རྩེ་ཟུར་དབྱིབས་ཡིན་ལ། གཤོག་ཁྲབ་ཀྱི་ཕྲག་སྒོར་མོ་ཡིན་པ་དང་སོ་ཆུང་མེད། ཆེས་ཕྱི་གཞོགས་ཀྱི་རྩིབ་ཏུས་མངོན་གསལ་ཡིན། ནང་གཞོགས་ཀྱི་རྩིབ་གཉིས་མངོན་གསལ་མིན་མོད། འོན་ཀྱང་རབ་རིབ་ཅིག་མཐོང་ཐུབ། ཕོ་རིགས་ཀྱི་གཤོག་ཁྲབ་ཀྱི་མཇུག་སྣེ་ནི་གཟུ་དབྱིབས་ཡིན་ལ། མོའི་གཤོག་ཁྲབ་ཀྱི་སྣེ་མོ་ནི་ཟླུམ་དབྱིབས་ཡིན། མོའི་གཤོག་སྣེ་ཡི་གས་སྦུབས་ཧེ་ཐུང་དུ་སོང་བ་མངོན་གསལ་ཡིན་ལ། བར་གསེང་དང་བར་ཐག་ཉེ་བའི་མཚམས་སུ་ནང་གཤོང་མངོན་གསལ་ཡིན། གཤོག་ཁྲབ་བཀོས་གནས་ཀྱི་བྲང་གི་རྒྱབ་ལེབ་ཙུང་ཐར་ཐོར་ཡིན་པ་དང་ཆུང་ཞིང་ཆུང་ལ། སྣེ་མོའི1/3གི་དཀྱིལ་གློ་བུར་དུ་ནང་དུ་དེབ་ཅིང་ཟླུམ་ཕྱེད་དང་ཉེ་བའི་དབྱིབས་ལྟར་ཐུར་དུ་ཆགས་ཡོད། གསུམ་ངོས་ཙུང་ཕྲ་བ་དང་། མོའི་འཕོངས་སྟོན་གྱི་རྒྱབ་པང་ལེབ་མོའི་གཞུ་དབྱིབས་མདུན་དུ་འབུར་བ་ཞིག་ཡིན་ལ། གཞུ་དབྱིབས་ཀྱི་དཀྱིལ་དུ་ཁྱིའུ་དབྱིབས་སྲབ་མོའི་གཤོང་བ་ཞིག་ཡོད་ལ། གསུམ་གནས་ཀྱི་སྣེ་མོའི་ཆ་ཏུ་འཁྱོག་དབྱིབས་ཀྱི་གཤོང་བ་ཞིག་ཡོད་པ་དང་། དབུས་ཀྱི་རྩེ་མོ་རིང་ཞིང་རྣོ་ངར་ལྡན།

སྐྱེ་ཁམས་གོམས་གཤིས། མཐོ་སྒང་གི་ལུང་ཤུར་གྱི་གཙང་པོའི་གཡས་གཡོན་གྱི་རི་ལྡེབས་སུ་འཚོ་བཞིན་ཡོད།

ས་ཁམས་ཁྱབ་ཚུལ། ཀྲུང་གོའི་མཚོ་སྔོན་དང་ཀན་སུའུ། སི་ཁྲོན། བོད་ལྗོངས།

22. 康藏颈隐翅虫　*Oxytelus tibetanus*（Bernhauer，1933）

识别特征：体长约 5 毫米。体黑色。雄性：头盘区具刻点，几乎无毛。唇基长，明显前突，超过 1/3 头长，中部明显凹陷，前缘内凹。颅顶具刻点，微隆；中纵缝明显。复眼小眼面细小。后颊弧圆，向外膨大。触角等长或略短于头与前胸背板之和。前胸背板背面具 5 条纵沟，中沟及内侧沟深且具刻点；侧缘平滑，后角明显且外缘具细锯齿。鞘翅具刻点和刻纹，无侧纵脊。腹部革质且被毛。第 7 节腹板后缘平直，具透明膜质的窄带，近中部具两齿，齿间微内凹。第 8 节腹板亚基脊连续，且平直，中央具卵圆形凹陷。雌性：头小于雄性，窄于前胸背板；唇基平坦或略凹陷，略前突；前缘略内凹;后颊略短于复眼，不向外膨大;中纵缝几乎不可见。上颚较小。第 7 节腹部后缘无齿。第 8 节腹板后缘宽圆，且中部不后突。

生态习性：生活于高原草地牛粪中。

分布范围：中国青海、四川、西藏。

གཤོག་ཁྲབ་སྡེ་ཁག Coleoptera
གཤོག་ཡིབ་འབུ་ཡི་ཚན་པ། Staphylinidae

22. ཁམས་བོད་སྐྲི་ཡིབ་གཤོག་འབུ། *Oxytelus tibetanus*（Bernhauer，1933）

དབྱེ་འབྱེད་ཁྱད་ཆོས། གཟུགས་ཀྱི་རིང་ཚད་ལ་ཕལ་ཆེར་ཧྲའོ་སྨི5ཡོད། ལུས་པོའི་མདོག་ནག་པོ་ཡིན། ཕོ་རིགས་ཀྱི་མགོ་ན་བརྐོས་ཆེག་ཡོད་ཅིང་ཕལ་ཆེར་སྤུ་སྐྱེས་མེད། མཆུ་རིང་བ་དང་མདུན་འབུར་མཛོན་གསལ་དོད་པས་མགོ་ལས1/3བརྒལ་ཡོད། དཀྱིལ་ནི་མཛོན་གསལ་གྱིས་ནང་དུ་བཏེབས་ཡོད་པ་དང་། མདུན་སྣེ་ལ་ནང་གཞོང་ཡོད། མགོའི་ལྟད་པར་བརྐོས་ཆེག་ཡོད་པ་དང་། བར་གསེང་མཛོན་གསལ་དོད་པོ་ཡིན། ཚོགས་མིག་ཆུང་ལ་མིག་ཆུང་བ་དང་། ཕྱི་འགྲམ་གཞུ་སྐོར་གྱི་དབྱིབས་ཡིན་ལ་ཕྱི་ལ་འབུར་ཡོད། རིག་རྣའི་རིང་ཐུང་འདྲ་བ་དང་ཡང་ན་མགོ་ལས་ཅུང་ཐུང་བའམ་ཡང་ན་བྲང་དང་བྲང་གི་རྒྱབ་པང་གི་སྟོམ་

རེད། བྱང་མདུན་རྒྱབ་པང་གི་རྒྱབ་ངོས་སུ་གཞུང་ཤུར་ལྟ་ཡོད་པ་དང་། བར་ཤུར་དང་ནང་གཞོགས་ཀྱི་ཤུར་གཏིང་ཟབ་ཅིང་བཀྲོས་ཚོག་ཡོད། གཞོགས་ངོས་འཇམ་སློམས་དང་། རྒྱབ་ར་མངོན་གསལ་ཡིན་པར་མ་ཟད། དེའི་མཐའ་ཕྲ་ཞིང་སོག་ལེའི་སོ་ཁ་ཡོད། གཤོག་ཁྲབ་ལ་བཀྲོས་ཚོག་ཡོད་པ་དང་བཀྲོས་རིས་ཡོད་ལ་འགྲམ་ཤུར་མེད། ལྟོ་བ་ནི་གོ་གཤིས་ཡིན་ལ་སྤུ་ཡིས་ཁེངས་ཡོད། ཚིགས7པའི་གསུམ་པའི་པང་ལེབ་ཀྱི་རྒྱབ་མཐའ་དྲང་སློམས་ཡིན་ལ། དྭངས་གསལ་སྐྱི་མོའི་རྫས་ཀྱི་དོག་གནས་ཤིག་ཡོད། དབུས་ཁུལ་དུ་སོ་གཉིས་ཡོད་པ་དང་། སོ་ཡི་བར་དུ་ནང་གཤོང་ཕྲན་བུ་ཡོད། ཚིགས8པའི་གསུམ་པའི་པང་ལེབ་ལ་ཕལ་བའི་སྣལ་འབུར་བསྡུད་མར་ཡོད་པ་མ་ཟད། དྲང་པོར་གནས་ཤིང་། དཀྱིལ་དུ་སྒོ་ངའི་དབྱིབས་ཀྱི་ཞོམ་རྡེབ་ཡོད། མོའི་རིགས་ཀྱི་མགོ་ཕོ་ལས་ཆུང་ཞིང་བྱང་མདུན་རྒྱབ་པང་ལས་ཆུང་བ་ཡིན། མཆུ་རྐང་ཁོད་སློམས་པའམ་ཅུང་ཞོམ་པ་དང་འབུར་ཡོད་ལ། མདུན་སྣེའི་ནང་གཤོང་ཡོད། མཁུར་ཚོས་ནི་ཚོགས་མིག་ལས་ཐུང་ཞིང་ཕྱི་ལ་ཆེར་སྐྱེད་མེད། བར་སྤུབས་ཏ་ལམ་མཐོང་རྒྱུ་མི་འདུག ཡ་ནེ་ཅུང་ཆུང་། ཚིགས7པའི་ཕོ་བའི་རྒྱབ་ཏུ་སོ་མེད་པ་དང་། ཚིགས8པའི་མདུན་པང་གི་རྒྱབ་ཀྱི་མཐའ་ཞིང་ཆེ་ལ་སྒོར་དབྱིབས་ཡིན་པ་དང་། དཀྱིལ་གྱི་རྒྱབ་ཕྱིར་ཊ་འབུར་མེད།

སྐྱེ་ཁམས་གོམས་གཤིས། མཐོ་སྒང་གི་རྩྭ་སའི་ལྡེ་བའི་ཁྲོད་ན་འཚོ་བཞིན་ཡོད།

ས་ཁམས་ཁྱབ་ཚུལ། ཀྲུང་གོའི་མཚོ་སྔོན་དང་སི་ཁྲོན། བོད་ལྗོངས།

23. 普氏颊脊隐翅虫 *Quedius przewalskii*（Reitter，1887）

识别特征：体长约 15 毫米。头部深褐色，前胸背板、小盾片和鞘翅褐色，腹部深褐色，各节后缘色浅，触角、足深褐色。头部卵圆形，长宽近相等，复眼小而平，几乎不突出于头部轮廓，明显短于后颊；前额刻点与复眼内缘相接，前额刻点之间光滑无刻点；前额刻点与复眼内缘相接，前额刻点之间无其他刻点；后颊刻点与复眼后缘间距略大于其与颈缩间距；后额刻点与颈缩之间具后额刻点与颈之间具 2 个基刻点；头部和颈部表面具细密的横波状和网状微刻纹；触角第 1 分节长于第 2 分节和第 3 分节，第 3 分节略长于第 2 分节。前胸背板宽大于长，前角略前突，前端窄于后端，侧缘和后缘宽弧形，后角钝角状；背列每侧 3 个刻点，亚侧列 1 个刻点，位于近前缘处。小盾片表面横布密集微刻纹，无刚毛刻点。鞘翅短小，宽大于长。后翅极退化。腹部背板毛刻点较鞘翅更为细密；第 7 背板后缘无缘饰。雄性前足跗节 1—4 分节明显膨大，两瓣状，腹面具粘毛垫，第 2 分节最宽。第 8 腹板基脊不明显，后缘中央具浅凹陷；第 9 腹板基部窄长，端部表面具细密短毛，后缘中间具浅凹陷。雌性第 10 腹板前缘中部向前平凸。

生态习性：生活于高原草地动物尸体中。

分布范围：中国四川、云南、西藏、青海。

23. ལྷུ་རྡེ་འགྲམ་རྡུས་ཡིབ་པའི་གཤོག་འབུ། *Quedius przewalskii*（Reitter，1887）

དབྱེ་འབྱེད་ཁྱད་ཆོས། གཟུགས་ཀྱི་རིང་ཚད་ལ་ཕལ་ཆེར་ཧྲའོ་སྨི15ཡོད། མགོ་བོ་སྨུག་སྐྱ་ཡིན་པ་དང་། བྲང་མདུན་རྒྱབ་ལེབ་དང་ཕྲུབ་ཆུང་གི་ལེབ་མོ། གཤོག་ཁྲབ་ཀྱི་མདོག་ནི་ཁམ་མདོག་ཡིན་ལ། གསུམ་པའི་མདོག་སྨུག་པོ་ཡིན། ཚིགས་སོ་སོའི་རྒྱབ་ཀྱི་ཁ་དོག་སྲབ་མོ་ཡིན། རེག་རྭ་སྨུག་པོ་དང་མགོ་ནི་སྒོང་དབྱིབས་ཡིན་པ་དང་། འཕྱེད་ཞེང་གི་རིང་ཐུང་འདྲ་མཚུངས་ཡིན། ཚིགས་མིག་ཆུང་ཞིང་སྒོམས་པས་ཕལ་ཆེར་མགོ་ལས་མི་མངོན་པ་དང་། ཕྱི་འགྲམ་ལས་མངོན་གསལ་དོད་པོས་ཐུང་། དཔྲལ་བའི་བསྐོས་ཚེག་དང་ཚིགས་མིག་གི་དཀྱིལ་འབྲེལ་བ་དང་། ཐོད་པའི་བསྐོས་ཚེག་བར་དུ་འཛམ་པོའི་བསྐོས་ཚེག་མེད། དཔྲལ་བའི་བསྐོས་ཚེག་དང་ཚིགས་མིག་གི་ནང་ལོག་འབྲེལ་བ་དང་། ཐོད་པའི་བར་དུ་བསྐོས་ཚེག་གཞན་གང་ཡང་མེད། མཁུར་ཚོས་དང་ཚིགས་མིག་གི་མཐའ་ཡི་བར་ཐག་དེ་སྐྲ་འཁྱུམ་གྱི་བར་ཐག་ལས་ཐུང་ཆེ་བ་ཡིན། ཕྱིར་ཐོད་ཀྱི་བསྐོས་ཚེག་དང་སྐྲ་འཁྱུམ་བར་དུ་ཕྱིར་ཐོད་བསྐོས་ཚེག་དང་སྐྲ་བར་གྱི་རྨང་གི་བསྐོས་ཚེག་གཉིས་ཡོད། མགོ་དང་སྐྲ་ཡི་ཕྱི་ངོས་ལ་ཕྲ་ཞིང་ཞིབ་པའི་འཕྱེད་ཐབས་དབྱིབས་དང་དྲ་དབྱིབས་ཀྱི་ཕྲ་བསྐོས་རི་མོ་ཡོད། རེག་རྭའི་ཚིགས1པོ་ནི་ཚིགས2པ་དང་ཚིགས3པ་ལས་རིང་བ་དང་། ཚིགས3པ་ནི་ཚིགས2པ་ལས་ཐུང་ཟད་རིང་བ་ཡིན། བྲང་མདུན་རྒྱབ་པང་ནི་རིང་བ་དང་། མདུན་རྭ་ནི་མདུན་ཕྱོགས་སུ་ཐུང་ཟད་འབུར་ཡོད། མདུན་སྣེ་ནི་རྒྱབ་སྣེ་ལས་དོག་པ་དང་། མཐའ་འགྲམ་དང་རྒྱབ་སྣེ་ནི་གཞུ་དབྱིབས་ཅན་ཡིན་ལ། རྒྱབ་རྭ་ནི་རྟུལ་ཟུར་གྱི་དབྱིབས་ཡིན། རྒྱལ་གྲལ་གྱི་གཞོགས་རེར་བསྐོས་ཚེག་གསུམ་རེ་ཡོད་པ་དང་། གཞོགས་ཕལ་བར་བསྐོས་ཚེག་གཅིག་ཡོད་པ་དེ་ནི་མདུན་ཕྱོགས་ཀྱི་མཐའ་དང་ཉེ་བའི་མཚམས་སུ་གནས་ཡོད། ཕྲུབ་ཆུང་གི་ཕྱི་ངོས་ཀྱི་འཕྱེད་རས་ནི་ཚགས་དམ་པའི་རི་མོ་ཞིག་རེད་ལ། སྤུ་ཆང་སྲ་མོ་མེད། གཤོག་ཁྲབ་ཐུང་ཞིང་རིང་བ་དང་ཞེང་ནི་འཕྱེད་ལས་ཆེ། གཤོག་འདབ་ཕྱི་མ་ཉམས་ཡོད། གསུམ་པའི་རྒྱབ་ཀྱི་སྤུ་ཡི་བསྐོས་ཚེག་ནི་གཤོག་ཁྲབ་ལས་ཚགས་དམ་པ་དང་། རྒྱབ་པང་བདུན་པའི་རྒྱབ་ལ་མཐའ་རྒྱན་མི་འདུག ཕོ་རིགས་ཀྱི་མདུན་སྲུག་གི་སྲེ་ཚིགས1—4བར་གྱི་བར་མཚམས་མངོན་གསལ་གྱིས་འབུར་ཆེ་བ་དང་འདབ་མ་གཉིས་ཀྱི་དབྱིབས་སུ་གྲུབ། གསུམ་པའི་ངོས་ལ་སྤུ་གདན་འབྱུར་ཡོད། ཚིགས2པ་ནི་ཆེས་རྒྱ་ཆེ་བ་ཞིག་ཡིན། གསུམ་ལེབ8པར་སྐལ་འབུར་མངོན་གསལ་དོད་པོ་མེད་པ་དང་། རྒྱབ་མཐའི་དཀྱིལ་ལ་ཞོམ་རྡེབ་ཡོད་ལ། གསུམ་པའི་པང་ལེབ9བའི་རྩ་བ་དོག་ཅིང་ཕྲ་ལ་སྣེ་ལ་སྤུ་ཐུང་ཡང་ཡོད། མཐའ་གཤམ་གྱི་བར་

དུ་ཞོམ་རྫིབ་ཡོད། མོའི་གསུས་པང་10བའི་མདུན་མཐའ་ཡི་དཀྱིལ་ནི་མདུན་ཕྱོགས་སུ་འབུར་ཡོད།

སྐྱེ་ཁམས་གོམས་གཤིས། མཐོ་སྒང་གི་རྩྭ་ཐང་ན་གནས་པའི་སྲོག་ཆགས་ཀྱི་རོའི་ནང་དུ་འཚོ་བཞིན་ཡོད།

ས་ཁམས་ཁྱབ་ཚུལ། ཀྲུང་གོའི་སི་ཁྲོན་དང་ཡུན་ནན། བོད་ལྗོངས། མཚོ་སྔོན།

24. 埃氏菲隐翅虫 *Philonthus emdeni*（Bernhauer，1931）

识别特征：体长 12.0—15.8 毫米。头、前胸背板黑色几乎无光泽。触角黑色或黑棕色。鞘翅黑色具金属光泽。小盾片黑色。腹部黑色具弱的金属蓝色光泽。头圆方形，刻点稀疏、粗糙；复眼大。触角基部 3 节光亮，第 1 节极长，顶部略膨大。前胸背板长方形，前端明显变窄，刻点成列分布，背列每列具 4 个大刻点，亚侧列每列具 2 个大刻点。鞘翅长 1.21—1.32 倍于前胸背板长；刻点稠密。小盾片大，三角形。腹部刻点稠密、粗糙，向后端刻点逐渐稀疏。腹节第 3 到 5 节背板具两条基脊，两脊间刻点稠密。雄性：第 8 节腹板后缘具钝三角形的凹缺，膜质突明显。第 9 节腹板前端明显不对称，后缘具深的凹缺。雌性：第 8 节腹板后缘亚圆形，无凹缺。

生态习性：生活于高原林间或路边草地。

分布范围：中国四川、云南、西藏、甘肃、青海。

24. ཨའེ་ཧྲི་རྡེ་ཡི་ཡིབ་པའི་གཤོག་འཐུ། *Philonthus emdeni* (Bernhauer, 1931)

དབྱེ་འབྱེད་ཁྱད་ཆོས། གཟུགས་པོའི་རིང་ཚད་ནི་ཧའོ་སྨི12.0—15.8ཡིན། མགོ་དང་བྲང་ངོས་ནག་པོ་ཡིན་ལ་ཧ་ལམ་འོད་མདངས་མེད། རེག་རྭ་ནག་པོའམ་ཐྱ་མདོག་ནག་པོ་ཡིན། གཤོག་ཁེབ་ནག་པོ་ཡིན་ལ་ལྕགས་རིགས་ཀྱི་འོད་མདངས་ལྡན། ཕྱབ་ཆུང་ནག་པོ་ཡིན་ལ་གྲོད་པའི་ངོས་ནག་པོ་ལ་མདོག་སྔོན་པོའི་ལྕགས་རིགས་ཀྱི་འོད་མདངས་ཤིག་ཡོད། མགོ་ནི་གྲུ་བཞི་ཡིན་ལ་བཀོས་ཚེག་ཅུང་ཉུང་ཞིང་རྩུབ་པོ་ཡིན། ཚོགས་མིག་ཆེ་བ་དང་རེག་རྭ་ཡི་རྩ་བའི་ངོས་ལ་འོད3ལྡན། ཚོགས་1ནི་ཆེས་རིང་ཞིང་རྩེ་གནས་ཅུང་ཛེ་ཆེར་ཕྱིན། མདུན་བྲང་རྒྱབ་པང་ནི་གྲུ་བཞི་ནར་མོའི་དབྱིབས་ཡིན་ལ། མདུན་སྣེའི་རྒྱ་ཁྱོན་མངོན་གསལ་དོད་པོས་ཆུང་དུ་འགྲོ་གིན་ཡོད་པ་དང་། བཀོས་ཚེག་བསྐར་སྒྲིག་བྱས་ཡོད། རྒྱབ་གྲལ་རེ་རེ་ལ་བཀོས་ཚེག་ཆེན་པོ4ཡོད་པ་དང་། རྒྱབ་གྲལ་རེའི་རིང་ཚད་ལ་སྐར་ཆེན་པོ2ཡོད། གཤོག་ཁེབ་ཀྱི་རིང་ཚད་ནི་བྲང་མདུན་རྒྱབ་པང་ལས་ལྷབ1.21—1.32རིང་བ་དང་། བཀོས་ཚེག་སྟུག་པོ་ཡིན་ལ་ཕྱབ་ཆུང་ལེབ་མོ་ཆེ་ལ་ཟུར་གསུམ་གྱི་དབྱིབས་ལྡན། སྟོ་བ་ཅུང་མཐུག་ཅིང་རྩུབ་ལ། རྒྱབ་ཕྱོགས་ཀྱི་བཀོས་ཚེག་རིམ་གྱིས་ཐར་ཕྱིར་དུ་གྱུར། གསུས་ཚོགས3ནས5བར་གྱི་རྒྱབ་པང་ལ་རྨང་ཐུས་གཉིས། ཕོ་རིགས་ཀྱི་ཚོགས8པའི་གསུས་པང་གི་རྒྱབ་སྣེ་རྟལ་ཟུར་གསུམ་གྱི་དབྱིབས་ཡིན་ལ་དེ་ནང་དུ་བརྡིབས་ཡོད་ལ། སྐྱེ་སྤྲུས་ཀྱི་འབུར་ནི་མངོན་གསལ་ཡིན། ཚོགས9དང་གསུས་པང་གི་མདུན་སྣེ་ཆ་མི་འགྲིག་པ་དང་རྒྱབ་མཐའ་ཅ་གཏིང་ཟབ་པའི་གཤོང་ཡོད། མོ་རིགས་ཀྱི་ཚོགས་བརྒྱད་པ་དང་གསུས་པང་གི་རྒྱབ་མཐའ་ནི་སྒོར་དབྱིབས་ཕལ་བ་ཡིན་ལ་དེ་ལ་གཤོང་མེད།

སྐྱེ་ཁམས་གོམས་གཤིས། མཐོ་སྒང་གི་ནགས་ཁྲོད་དམ་ཡང་ན་ལམ་འགྲམ་གྱི་རྩྭ་ཐང་དུ་འཚོ་བཞིན་ཡོད།

ས་ཁམས་ཁྱབ་ཚུལ། ཀྲུང་གོའི་སི་ཁྲོན་དང་ཡུན་ནན། བོད་ལྗོངས། ཀན་སུའུ། མཚོ་སྔོན།

鞘翅目 Coleoptera
天牛科 Cerambycidae

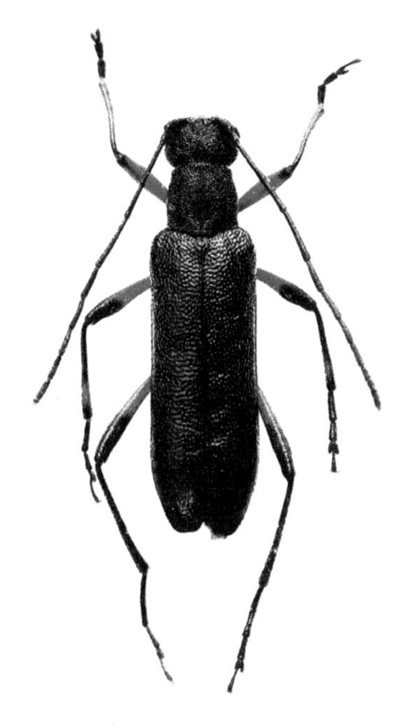

25. 布氏直花天牛　*Grammoptera brezinai*（Holzschuh，1998）

识别特征：体小型，大部分黑色，被极短的金色毛。雄虫前足大部分红褐色，仅腿节极端部、胫节两端及跗和爪节黑色，中、后足大部分黑色，仅腿节基半部红褐色；雌虫族足大部分黑色，仅前足腿节基半部下沿、胫节端半部下沿及中、后足腿节基部 1/3 下沿红褐色。鞘翅金属绿色。头、前胸背板具细密网状刻点，头部在眼后较平直，不明显缢缩。雄虫触角约伸达鞘翅端部 1/3 处，雌虫触角约伸达鞘翅中部之后。前胸背板前缘略窄于后缘，侧缘较平直，中央微凸。鞘翅较狭长，肩部略向前突出，侧缘近于平行，端缘略平截，翅面刻点较头、胸部稀。足细长，腿节与胫节近于等于长，后足第 1 跗节短于其余各节长度之和。

生态习性：生活于高原针叶林枝干上。

分布范围：中国青海、甘肃。

གཤོག་ཁྲབ་སྲེ་ཁག Coleoptera
འབུ་སྔོང་རྐོ་ཚན་པ། Cerambycidae

25. ཕུའུ་རྫི་ཀྲིང་རྡ་འབུ་སྔོང་རྐོ། *Gramoptera brezinai*（Holzschuh，1998）

དབྱེ་འབྱེད་ཁྱད་ཆོས། གཟུགས་ཆུང་ཞིང་མང་ཆེ་བའི་མདོག་ནག་པོ་ཡིན་ལ། སྤྲ་ཕྲུང་ལ་མདོག་སེར་པོ་ཡིན། འབུ་སྲིན་པོ་ཡི་མདུན་སུག་གི་ཁ་དོག་ནི་སྨུག་སྐྱ་ཡིན་ལ། སུག་ཚིགས་ཀྱི་སྣེ་དང་རྗེ་ངར་གྱི་སྣེ་གཉིས། ལག་རྐང་དང་སྤྱིར་མོའི་ཚིགས་ནག་པོ་ཡིན། འབུ་མོ་རིགས་ཀྱི་སུག་པའི་ནང་གི་ནག་པོ་མང་ཆེ་བ་ནི་སུག་ཚིགས་མདུན་མའི་དཀྱིལ་གྱི་མཐའ་དང་རྗེ་ངར་ཆེ་བའི་ཚིགས་ཀྱི་ཕྱེད་འོག་གི་མཐའ་དང་བར་དང་རྐང་པ་གཞུག་མའི་ཚིགས་ཀྱི་རྩ་བའི་ཆ་ནི1/3གི་འོག་ཏུ་སྨུག་པོར་འགྱུར་གྱིན་ཡོད། གཤོག་ཁྲབ་ཀྱི་མདོག་ནི་ལྕགས་རིགས་ལྷང་ཁུ་ཡིན། མགོ་དང་བྲང་གི་རྒྱབ་ལེབ་ལ་ཞིབ་ཚགས་ཅན་གྱི་དྲ་དབྱིབས་བཀོས་ཡོད་ཅིང་། མགོ་ནི་མིག་གི་རྒྱབ་ཏུ་ཅུང་དྲང་ཞིང་བདེ་ལ་བབས་པས་ནང་དུ་བསྐུམ་མེད། ཕོ་འབུ་ཡི་རེག་རྭ་ཕལ་ཆེར་གཤོག་ཁྲབ་ཅན་གྱི་སྣེ1/3ཙམ་བརྒྱངས་ཡོད་པ་དང་། མོ་འབུ་ཡི་རེག་རྭ་ཕལ་ཆེར་གཤོག་ཁྲབ་ཀྱི་དཀྱིལ་རྗེས་སུ་བསྲིངས་ཡོད། མདུན་བྲང་རྒྱབ་པང་གི་མདུན་སྣེ་ནི་རྒྱབ་སྣེ་ལས་ཅུང་ཆུང་ལ་གཞོགས་དྲང་ཞིང་

དཀྱིལ་ཐུང་འབུར་ཡོད། གཤོག་ཁྲབ་ནི་དོག་ཙིང་རིང་བ་དང་། ཕྲག་པའང་ཐུང་མདུན་ཕྱོགས་སུ་འབུར་ཡོད། གཞོགས་འགྲམ་ནི་དྲང་ཞིང་མཉམ་འགྲོ་ཡིན། སྣེ་ནི་སྐྱོམས་པོར་བཅད་ཡོད། གཤོག་ངོས་ནི་མགོ་དང་བྲང་ཁ་ལས་ཐུང་ཆུང་བ་ཞིག་ཡིན། རྐང་བ་ཕྲ་ཞིང་རིང་བ་དང་སྨུག་ཚོགས་དང་རྫེ་ངར་ཆེ་བའི་ཚིགས་ནི་ཕལ་ཆེར་རིང་བ་དང་། རྐང་མགོའི་ཚིགས1ནི་གཞན་པའི་ཚིགས་ཀྱི་རིང་ཚད་ལས་བྲུང་བ་ཡིན།

སྐྱེ་ཁམས་གོམས་གཤིས། དེ་ནི་མཛོ་སྨད་གི་ཁབ་དབྱིབས་ལོ་མའི་ནགས་ཚལ་ཁྲོད་འཚོ་བཞིན་ཡོད།

ས་ཁམས་ཁྱབ་ཚུལ། ཀྲུང་གོའི་མཚོ་སྔོན་དང་ཀན་སུའུ།

26. 疏纹杰夜蛾 *Auchmis paucinotata*（Hampson，1894）

识别特征：翅展 42—44 毫米。头部灰白色至苍白色。胸部棕褐色，密布灰白色长鳞毛。腹部灰白色短鳞毛。前翅暗灰色，散布烟褐色和灰白色；基线黑色，较模糊的半弧形；内横线黑色，前半部波浪形弯曲，后半部弯折明显，在 2A 前、后成角明显，且后缘区清晰；中横线烟黑色晕条，由前缘外斜至中室后缘后内斜至后缘；外横线烟黑色细线，除前缘可见，其他部分非常模糊；亚缘线黑色仅在外缘区 M3 脉前的翅脉间可见渐大的线段；外缘线褐色；饰毛基部灰白色，端部烟黑色；基纵纹黑色，可伸达内横线；臀剑纹斑黑色，2 段，外段可伸达近中横线，内段位于中横线区；环状纹似锥形，除外侧框无色，其余为黑色，且与肾状纹相连；肾状纹扁圆形，非常模糊；中横线区在后半部烟黑色明显。后翅底色似前翅；新月纹灰褐色至褐色斑块；外缘略波浪形。

生态习性：生活于高原针叶林间。

分布范围：中国青海、四川、西藏；克什米尔地区；尼泊尔；印度。

ཁྲབ་གཤོག་སྲེ་ཁག Lepioptera

འབུ་མེ་ལྕེབ་ཆན་པ། Nootuidae

26. རི་མོ་ཐར་ཐོར་གྱི་འབུ་མེ་ལྕེབ། *Auchmis paucinotata*（Hampson，1894）

དབྱེ་འབྱེད་ཁྱད་ཆོས། གཤོག་པ་བརྐྱངས་ན་རིང་ཚད་ཧའོ་སྨི42—44ཡོད། མགོ་ནི་དཀར་སྐྱ་ཡིན་པ་དང་། ཐང་གི་ཁ་དོག་སྨུག་ནག་ཡིན་ལ་དེ་ཅུ་མདོག་དཀར་སྨུག་གི་ཁྲབ་སྤུ་སྐྱེས་ཡོད། ལྟོ་བའི་ཁྲབ་སྤུ་ཐུང་ཞིང་མདོག་སྐྱ་སྐྱ་ཡིན། གཤོག་པ་མདུན་མའི་མདོག་སྐྱ་བོ་ཡིན་པ་དང་། དེའི་ནང་དུ་དུ་སྨུག་དང་དཀར་སྐྱ་འདྲེས་ཡོད། གཞི་ཐིག་ནག་པོ་ཡིན་པ་དང་དབྱིབས་ནི་ཅུང་རབ་རིབ་ཀྱི་གཞུ་ཕྱེད་ཡིན། ནང་གི་འཕྲེད་སྐུད་ནག་པོ་ཡིན་པ་དང་། མདུན་གྱི་ཕྱེད་ཀ་ནི་རླབས་གཟུགས་ཀྱི་སྐྱུར་འཁྱོག་ཡིན་ལ། ཕྱི་ཡི་ཕྱེད་ཀ་སྐྱུར་འཁྱོག་མངོན་གསལ་ཡིན། 2Aཐོན་དང་རྒྱབ་ཀྱི་ཟུར་མངོན་གསལ་ཡིན་པར་མ་ཟད། རྒྱབ་ཀྱི་སྣེ་ཁུལ་གསལ་པོ་ཡིན་ལ། དཀྱིལ་འཕྲེད་དུ་བཅད་པའི་མདོག་ནག་པོའི་རི་མོ་མདུན་མཐའ་ཡི་ཕྱི་ནས་དཀྱིལ་དུ་གསེག་རྗེས་རྒྱབ་དུ་ཕྱོགས་ཡོད། དེ་ཕྱུད་པའི་འཕྲེད་སྐུད་དུ་བ་ནག་ཐིག་ནི་མདུན་སྣེའི་སྟེང་དུ་མཐོང་རྒྱུ་ཡོད་པ་ལས་གཞན་པའི་སྐོར་ཧ་ཅང་རབ་རིབ་ཅིག་ཡིན། ཟླ་སྒྲིལ་ཐིག་ནག་པོ་ནི་མཐའ་ཁུལM3ཀྱི་ཐོན་ཀྱི་གཤོག་རྩའི་བར་དུ་རིམ་བཞིན་ཆེ་བའི་ཐིག་དུམ་ཙམ་མཐོང་ཐུབ། མཐའ་ཐིག་ཁམ་མདོག་ཡིན་པ་དང་སྤུ་ཡི་རྟེན་མདོག་སྐྱ་བོ་དང་སྣེ་ནག་པོ་ཡིན། གཞི་རིས་ནག་པོ་ནི་ནང་གི་འཕྲེད་ཐིག་ཕྱོགས་སུ་བསྲིངས་ཐུབ། དེའི་ནང་གི་དུམ་བུ་ནི་འཕྲེད་ཐིག་བར་མའི་ཁུལ་དུ་གནས་ཡོད། གདུབ་དབྱིབས་རི་མོ་ནི་སྣུང་བུའི་དབྱིབས་དང་འདྲ་བར། ཕྱི་གཞོགས་ལ་མདོག་མེད་ཅིང་། གཞན་རྣམས་ནག་པོ་ཡིན་པར་མ་ཟད། མཁལ་མའི་དབྱིབས་དང་འབྲེལ་ཡོད། མཁལ་མའི་དབྱིབས་ཀྱི་རི་མོ་ནི་སྐོར་དབྱིབས་ཡིན་ལ་ཧ་ཅང་རབ་རིབ་ཡིན། དཀྱིལ་གྱི་འཕྲེད་ཐིག་ཁུལ་དུ་མདོག་སྐྱ་ནག་མངོན་གསལ་རེད། རྒྱབ་གཤོག་གི་ཞབས་ནི་མདུན་གཤོག་དང་འདྲ། ཟླ་གསར་དབྱིབས་ཀྱི་རི་མོ་ཡི་མདོག་ནི་ཐལ་སྨུག་ཡིན་ལ་དེའི་སྟེང་དུ་སྨུག་པོའི་ཁྲ་ཐིག་ཅིག་ཡོད་ལ། ཕྱིའི་མཐའ་ནི་རླབས་དབྱིབས་སུ་སྣང་།

སྐྱེ་ཁམས་གོམས་གཤིས། མཐོ་སྒང་གི་ལོ་སྣུང་ནགས་རའི་ནང་འཚོ་བཞིན་ཡོད།

ས་ཁམས་ཁྱབ་ཚུལ། ཀྲུང་གོའི་མཚོ་སྔོན་དང་སི་ཁྲིན། བོད་ལྗོངས་བཅས་དང་། ཁེ་ཧྥེ་སྒྲིར་ས་ཁུལ། བལ་པོ་དང་རྒྱ་གར།

27. 亚杰夜蛾 *Auchmis subdetersa*（Staudinger，1895）

识别特征：翅展 48—51 毫米。头部灰白色至青白色，且呈角锥状。胸部灰白色至青白色，中央具黑色块斑。腹部灰白色，两侧棕灰色，中央略有烟黑色纵线。前翅青灰色至灰白色，散布黑色；基线黑色，仅在前缘区可见；内横线黑色，由前缘外斜至褶脉，再内斜至后缘，前缘色深且大；中横线黑色，仅在中室后缘之前呈外斜线段，其余部分不显；外横线烟黑色细线，由前缘外斜至 R5，再内斜至后缘，在翅脉上呈角形外突；亚缘线黑色，在 M3 前的翅脉间呈由前至后渐大的纵条斑；外缘线苍白色至白色；饰毛较低色淡；基纵纹黑色细线不达内横线；臀剑纹斑黑色，伸达外横线；

环状纹外斜条状，边框黑色，外侧与肾状纹相连;肾状纹蚕豆形，边框黑色。后翅乳白色至白色，散布烟灰色至烟黑色，且由内至外渐深；褶脉处色淡。

生态习性：生活于高原针阔叶混交林间。

分布范围：中国青海、西藏；尼泊尔。

27. ཡ་ཅེའི་འབུ་མེ་ལྕེབ། *Auchmis subdetersa* (Staudinger, 1895)

དབྱེ་འབྱེད་ཁྱད་ཆོས། གཤོག་པ་བརྐྱངས་ན་རིང་ཚད་ཧའོ་སྨི48—51ཡོད། མགོ་ནི་དཀར་སྐྱ་ཡིན་པ་དང་། ཟུར་ལྡན་སྙུང་གཟུགས་ཀྱི་དབྱིབས་ཡིན། བྲང་ཁ་དཀར་སྐྱ་ཡིན་ལ་དང་དཀྱིལ་ལ་ཁྲ་ཐིག་ནག་པོ་ཡོད། ལྟོ་བ་སྐྱ་སྐྱ་དང་། གཤོག་སྔོན་གྱི་མདོག་སྐྱ་བོ་ནས་དཀར་སྐྱའི་བར་དུ་ནག་པོ་ཞིག་ཁྱབ་ཡོད། གཞི་ཐིག་ནག་པོ་ནི་མདུན་སྣེའི་ཁུལ་གོ་ན་ལས་མཐོང་རྒྱུ་མེད། ནང་གི་འཕྲེད་སྐུད་ནག་པོ་ནི་མདུན་སྣེ་ཕྱི་གསེག་ནས་ལྷེབ་རྩ་དང་། དེ་ནས་ནང་གསེག་ནས་རྒྱབ་མཐའ་བར་བསྲིངས་ཡོད་ཅིང་། མདུན་སྣེའི་ཁ་དོག་ཟབ་ཅིང་ཆེ་བ་ཡིན། དཀྱིལ་གྱི་འཕྲེད་ཐིག་ནག་པོ་དེ་བར་དཀྱིལ་དང་རྒྱབ་ཀྱི་སྔོན་ནས་ཕྱི་ལ་གསེག་ཡོད་པ་དང་། གཞན་པའི་ཁག་མི་གསལ། ཕྱིའི་འཕྲེད་སྐུད་ནག་སྐྱ་དེ་མདུན་སྣེའི་ཕྱི་ནསR5བར་གསེག་ཡོད་པ་དང་། དེ་ནས་ནང་གི་རྒྱབ་སྣེ་བར་གསེག་ཡོད་ལ། གཤོག་རྩའི་སྟེང་གི་ཟུར་དབྱིབས་ཕྱི་ཊ་འབུར་ཡོད། མཐའ་ཐིག་ཕལ་བ་ནི་

ནག་པོ་ཡིན་པ་དང་། M3སྔོན་གྱི་གཤོག་རྩའི་བར་དུ་སྔོན་ནས་མཇུག་ཏུ་རིམ་གྱིས་ཆེ་བའི་གཞུང་ཐིག་ཡོད། མཐའ་འགྲམ་གྱི་ཐིག་གི་མདོག་ནི་དཀར་པོའམ་དཀར་སྐྱ་ཡིན་པ་དང་། རྒྱན་སྤུ་ཡི་མདོག་ཅུང་ཟད་ཞན། གཞི་རིས་ནག་པོ་དེ་ནང་གི་འཕྲེད་ཐིག་ལ་ཐོན་མེད། འཕོངས་ཀྱི་ཁྲ་ཐིག་ནག་པོ་ནི་ཕྱི་ཡི་འཕྲེད་སྐུད་བར་དུ་བསྲིངས་ཡོད། གདུབ་དབྱིབས་ཀྱི་རིས་ནི་ཕྱིའི་གསེག་རིས་ཀྱི་དབྱིབས་སུ་འགྱུར་ལ། མཐའ་སྒྲོམ་གྱི་མདོག་ནི་ནག་པོ་ཡིན། ཕྱི་གཞོགས་དང་མཁལ་མའི་དབྱིབས་ཀྱི་རི་མོ་སྦྲེལ་ཡོད་པ་དང་། མཁལ་མའི་དབྱིབས་ཀྱི་རི་མོ་ནི་རྒྱ་སྲན་དབྱིབས་ཀྱི་རི་མོ་རུ་འགྱུར་ལ་མཐའ་སྒྲོམ་ནག་པོ་རེད། གཤོག་པའི་རྒྱབ་ཀྱི་མདོག་ནི་འོ་དཀར་ནས་དཀར་པོར་གྱུར་ཏེ། དུ་བའི་མདོག་སྐྱ་བོ་ནས་དུ་བ་ནག་པོ་ཅན་དུ་གྱུར་ཅིང་། མདོག་ནི་ནང་ནས་ཕྱི་རུ་ཡུན་གྱིས་སྟུག་པོར་གྱུར་ཡོད། གཉེར་རྩ་ཡི་མདོག་ནི་སྲབ་མོ་ཡིན།

སྐྱེ་ཁམས་གོམས་གཤིས། མཐོ་སྒང་གི་ཁབ་དབྱིབས་ལོ་མ་ཆེ་བའི་མཉམ་བསྲེས་ནགས་རའི་ནང་ན་འཚོ་བཞིན་ཡོད།

ས་ཁམས་ཁྱབ་ཚུལ། ཀྲུང་གོའི་མཚོ་སྔོན་དང་བོད་ལྗོངས། བལ་པོ།

28. 灰绿展冬夜蛾　*Polymixis viridula*（Staudinger，1895）

识别特征：翅展 39—43 毫米。头部橘黄色，掺杂灰白色。胸部橘黄色，掺杂灰白色。腹部淡棕灰色，中央具有橘黄色毛簇列，且由前至后渐小。前翅橘黄色；基线黑色略弯曲双线，双线间白色，外侧线多断裂；内横线黑色双线，由前缘波浪形弯曲的内斜，由前至后略渐细，双线间密布白色；中横线黑色，略外突弧形波浪状弯曲，翅脉上呈齿状；外横线黑色双线波浪形弯曲，双线间多似底色，前缘和 Cu2 后白色，外侧线在翅脉上成角且延伸，近端部具白色点斑；亚缘线黑色双线，双线间多白色，内侧线在翅脉间内向齿状，外侧线极淡；外缘线呈黑色角形斑列；饰毛浑黄色与黑色相间；环状纹近方形，外框除前缘均黑色，内侧伴白色，中央卵黄色；肾状纹长方形，外框除前缘均黑色，内侧伴白色，中央卵黄色，外缘略内弧形；楔状纹乳突形，边框多黑色。后翅浑黄色至米黄色，散布烟黑色，由内至外渐深；翅脉黑褐色；外缘线黑色；饰毛浑黄色与烟褐色相间。

生态习性：生活于高原针叶林间。

分布范围：中国青海、西藏、新疆。

28. ལྗང་སྐྱ་དཀྲུན་སྟོན་གྱི་འབུ་མེ་ལྕེབ། *Polymixis viridula*（Staudinger，1895）

དབྱེ་འབྱེད་ཁྱད་ཆོས། གཤོག་པ་བརྐྱངས་ན་རིང་ཚད་ནི་ཧྲེའོ་སྨི39—43ཡིན། མགོ་སེར་པོ་ཡིན་ལ་དེའི་ནང་དཀར་སྐྱ་འདྲེས་ཡོད། གསུམ་པའི་མདོག་སྐྱ་བོ་ཡིན་ལ་དཀྱིལ་དུ་མདོག་སེར་པོའི་སྤུ་ཚོམ་ཡོད་པ་མ་ཟད། སྔོན་ནས་མཇུག་ཏུ་རིམ་གྱིས་ཆུང་དུ་ཕྱིན་ཡོད། མདུན་གཤོག་གི་མདོག་སེར་པོ་ཡིན་པ་དང་། གཞི་ཐིག་ནག་པོ་ཡིན་ལ་ཅུང་གུག་པའི་ཉིས་ཐིག་ཡོད་པ་དང་ཉིས་ཐིག་གི་བར་དུ་དཀར་པོ་ཡིན། ཕྱི་གཞོགས་ཀྱི་ཐིག་མང་པོ་ཆད་ཡོད། ནང་གི་འཕྲེད་སྐུད་ནག་པོ་ནི་མདུན་སྣེའི་ཆ་ཤས་རིམ་ཀྱི་དབྱིབས་ཡིན་ལ་དེ་ནི་ནང་གསེག་ཡིན་པ་དང་། མདུན་ནས་མཇུག་བར་དུ་ཡུན་གྱིས་ཅུང་ཕྲ་མོར་གྱུར་ཡོད། སྐུད་གཉིས་བར་དུ་དཀར་པོར་ཆགས་ཡོད་ལ། དཀྱིལ་གྱི་འཕྲེད་ཐིག་ནག་པོ་ཡིན་པ་དང་ཅུང་འཁྱུར་བའི་གཞུ་དབྱིབས་ཅན་གྱི་ཆ་ཤས་དབྱིབས་ནང་དུ་གུག་ཡོད། གཤོག་པའི་སྟེང་དུ་སོ་དབྱིབས་ཕྱི་ཉ་མཚོན། ཕྱིའི་འཕྲེད་སྐུད་ནག་པོ་ཆ་ཤས་གཟུགས་ནང་དུ་གུག་ཅིང་སྐུད་པ་ཟུང་ལྡན་བར་མང་ཆེ་བ་ཞབས་དང་འདྲ་ལ། མདུན་སྣེ་དངCu2རྫེས་ནི་དཀར་པོ་ཡིན། ཕྱི་ཡི་གཞོགས་ཐིག་ནི་གཤོག་རྩའི་སྟེང་དུ་གྲུབ་ཅིང་ཕྱི་ཉ་བསྒྲིངས་ཡོད། ཉེ་སྣེའི་ཁག་ལ་མདོག་དཀར་པོ་ཅན་གྱི་ཁྲ་ཐིག་ཅིག་ཡོད། མཐའ་ཐིག་ཕལ་བའི་ཐིག་ནག་པོ་ཡིན་པ་དང་། སྐུད་ཟུང་གི་བར་བརྒྱུད་མང་ཆེ་བ་དཀར་པོ་ཡིན། ནང་གི་གཞོགས་ཐིག་ནི་གཤོག་པའི་བར་དུ་སོ་དབྱིབས་སུ་གནས་པ་དང་། ཕྱི་ཡི་གཞོགས་ཐིག་ཤིན་ཏུ་སྲབ་ལ། ཕྱི་མཐའི་ཐིག་ནི་ནག་པོ་ར་དབྱིབས་ཁྲ་ཐྲེང་ཅན་ཞིག་ཡིན། སྤུ་མདོག་སེར་པོ་དང་ནག་པོ་ཕན་ཚུན་འདྲེས་ཡོད། གདུབ་དབྱིབས་རི་མོ་ནི་གྲུ་བཞི་ལ་ཉེ་བ་དང་། ཕྱི་སྒྲོམ་གྱི་མདུན་མཐའ་ཚང་མ་ནག་པོ་ཡིན་ལ། ནང་ངོས་ཀྱི་མདོག་དཀར་པོ་ཡིན། དཀྱིལ་ཁམས་སེར་པོ་ཡིན་པ་དང་མཁལ་མའི་དབྱིབས་ཀྱི་གྲུ་བཞི་ནར་མོ་ཡིན་ལ། ཕྱི་ངོས་ཀྱི་མདུན་མཐའ་ཚང་མ་ནག་པོ་ཡིན་པ་དང་། ནང་ངོས་ཀྱི་མདོག་དཀར་པོ་ཡིན། དཀྱིལ་གྱི་ཁ་དོག་སེར་པོ་ཡིན་པ་དང་། ཕྱི་སྣེའི་ནང་ནི་གཞུ་དབྱིབས་སུ་སྣང་། ཁྱིའུ་དབྱིབས་ནུ་འབུར་དབྱིབས་ཅན་གྱི་མཐའ་སྒྲོམ་ནག་པོ་ཡིན། གཤོག་པ་ཕྱི་མ་སེར་པོ་ནས་སེར་དཀར་ཡིན་པ་དང་དེའི་ནང་དུ་དུ་མདོག་སྔོ་ནག་འདྲེས་ཡོད་ལ། ནང་ནས་ཕྱི་ཡི་མདོག་ནི་ཡུན་གྱིས་སྨུག་པོར་འགྱུར། གཤོག་རྩ་ནི་སྨུག་ནག་ཡིན་པ་དང་མཐའ་ཐིག་ནག་པོ་ཡིན་ལ། རྒྱན་སྤུ་ཡི་མདོག་སེར་པོ་དང་སྨུག་པོ་ཡིན།

སྐྱེ་ཁམས་གོམས་གཤིས། མཐོ་སྒང་གི་ལོ་ཏོག་ནགས་རའི་ནང་དུ་འཚོ་བཞིན་ཡོད།

ས་ཁམས་ཁྱབ་ཚུལ། ཀྲུང་གོའི་མཚོ་སྔོན་དང་བོད་ལྗོངས། ཞིན་ཅང་།

29. 黍睫冬夜蛾　*Blepharosis paspa*（Püngeler，1900）

识别特征：翅展 35—37 毫米。头部棕褐色，散布灰色。胸部棕褐色，肩板和后胸淡棕灰色。腹部淡棕灰色，末端棕色至棕红色。前翅黑褐色，散布棕红色；基线黑色弯曲小弧形；内横线黑色双线，内侧线较淡，外侧线深黑；中横线黑色，由前缘波浪形弯曲至后缘；外横线黑色双线，由前缘弧形弯曲至 M3，再内斜至后缘，内侧线较外侧线淡；亚缘线灰黄色，由前缘弯曲地内斜至后缘，在 M3 和 Cu1 成角，且伸达外缘线；外缘线黑色角形斑组成，外侧伴衬米黄色；饰毛黑褐色；肾状纹外斜扁圆形，外框黑色，内部浑黄色至灰黄色；肾状纹内斜的略弯扁条形，外框黑色，内部浑黄色至灰黄色，中央多褐色，具有一灰黄色细线；楔状纹乳突形，边框黑色，内部同底色；亚缘线、内横线区色淡；外缘线、外横线、中横线区色深。后翅多米黄色，散布褐色，由内向外渐深；中横线可见褐色弧线；外缘线黑褐色；饰毛米黄色；新月纹晕状小点斑。

生态习性：生活于高原针叶林间。

分布范围：中国甘肃、青海、云南、四川、西藏；尼泊尔；印度。

29. རྫོའུ་ཅེ་དྲོན་འབུ་མེ་ལྕེབ། *Blepharosis paspa*（Püngeler，1900）

དབྱེ་འབྱེད་ཁྱད་ཆོས། གཤོག་པ་བརྐྱངས་ན་རིང་ཚད་ཧའོ་སྨི35—37ཡོད། མགོ་བོ་སྨུག་ནག་ཡིན་པ་དང་དེའི་ནང་དུ་སྐྱ་བོ་འདྲེས་ཡོད། བྲང་གི་མདོག་ནི་ཐྭ་མདོག་ཡིན་པ་དང་ཕྲག་ལེབ་དང་ཕྱི་བྲང་གི་མདོག་ནི་སྨུག་སྐྱ་ཡིན། ལྟོ་བའི་མདོག་ནི་སྨུག་སྐྱ་ཡིན་པ་དང་མཇུག་སྣེ་ནི་ཐྭ་མདོག་ནས་སྨུག་པོ་ཡིན། གཤོག་པ་སྔོན་མ་སྨུག་ནག་ཡིན་པ་དང་དེའི་ནང་དུ་དམར་སྨུག་འདྲེས་ཡོད། གཞི་ཐིག་ནག་པོ་ནི་གཤུ་དབྱིབས་ཆུང་ཆུང་ཡིན། ནང་གི་འཕྲེད་སྐུད་ནག་པོའི་ནང་གི་གཞོགས་ཐིག་ཅུང་ཟབ་ལ་ཕྱི་ཡི་གཞོགས་ཐིག་ནག་པོ་ཡིན། དཀྱིལ་གྱི་འཕྲེད་ཐིག་ནག་པོ་ནི་མདུན་སྣེའི་ཐ་ཆླབས་དབྱིབས་ནས་རྒྱབ་སྣེ་ཅ་གུག་ཅིང་། ཕྱིའི་འཕྲེད་སྐུད་ནག་པོ་དེ་མདུན་སྣེའི་གཞུ་དབྱིབས་ཅན་ནསM3བར་དུ་གུག་ཡོད་པ་དང་། དེ་ནས་ནང་གསེག་ནས་རྒྱབ་སྣེ་ཅ་བསྒྲིངས་ཡོད། ནང་གི་གཞོགས་ཐིག་ནི་ཕྱི་གཞོགས་ཀྱི་ཐིག་ལས་ཟབ་པ་དང་། ཕལ་བའི་ཐིག་གི་ཁ་དོག་ནི་སེར་སྐྱ་ཡིན། མདུན་སྣེ་གུག་ནས་རྒྱབ་སྣེ་ལ་གསེག་ཡོད་པ་དངM3དངCu1གི་ཟུར་ལ་བརྐྱངས་ནས་ཕྱི་མཐའི་ཐིག་ཏུ་སླེབས་པ་དང་། ཕྱི་མཐའི་ཐིག་གི་ནག་པོའི་ར་དབྱིབས་ཁྲ་ཐིག་གིས་གྲུབ་ལ། ཕྱི་གཞོགས་དང་འགྲོགས་ནས་མདོག་སེར་པོར་འགྱུར། རྒྱན་སྤུ་ཡི་མདོག་ནི་སྨུག་པོ་ཡིན་པ་དང་། མཁལ་མའི་དབྱིབས་ཀྱི་རི་མོའི་ཕྱི་ངོས་ཀྱི་གསེག་ལེབ་སྒོར་དབྱིབས་ཡིན་ལ་ཕྱི་སྒྲོམ་ནག་པོ་ཡིན། ནང་ངོས་ཀྱི་མདོག་སེར་པོ་ཡིན་པ་དང་། མཁལ་མའི་དབྱིབས་ཀྱི་རི་མོ་ནང་དུ་གསེག་ཡོད་པ་ནར་ལེབ་ཀྱི་དབྱིབས་ཡིན་པ་དང་། ཕྱི་སྒྲོམ་ནག་པོ་ཞིག་ཡིན། ནང་གི་མདོག་སེར་པོ་ཡིན་པ་དང་དཀྱིལ་གྱི་ཁ་དོག་སྨུག་པོ་ཡིན་ལ། དེའི་ནང་མདོག་སྐྱ་བོའི་ཐིག་ཅིག་ཡོད། ཁྲིའུ་དབྱིབས་ན་འབུར་དབྱིབས་ཅན་གྱི་མཐའ་སྒྲོམ་ནག་པོ་ཡིན་པ་དང་། ནང་གི་མདོག་ནི་ཞབས་དང་མཚུངས། ཕལ་བའི་མཐའ་ཐིག་དང་ནང་གི་འཕྲེད་ཐིག་ཁྱུལ་གྱི་མདོག་སྲབ་མོ་ཡིན། ཕྱིའི་མཐའ་ཐིག་དང་ཕྱིའི་འཕྲེད་ཐིག དཀྱིལ་གྱི་འཕྲེད་སྐུད་ཁྱུལ་གྱི་མདོག་ཟབ་མོ་ཡིན། གཤོག་པ་ཕྱི་མའི་མདོག་ནི་སེར་པོ་ནས་སྨུག་པོར་གྱུར་ཏེ་ནང་དུ་ཕྱོགས་ཡོད། འཕྲེད་ཐིག་བར་མའི་སྟེང་དུ་གཞུ་ཐིག་སྨུག་པོ་མཐོང་ཐུབ། ཕྱི་ཡི་མཐའ་ཐིག་གི་མདོག་ནི་སྨུག་ནག་ཡིན་པ་དང་སྤུ་མདོག་སེར་པོར་རྒྱན་ལ། ཟླ་གསར་རི་མོ་ཡི་སྟེང་ན་ཁྲ་ཐིག་ཆུང་ཆུང་ཡོད།

སྐྱེ་ཁམས་གོམས་གཤིས། མཐོ་སྒང་གི་ལོ་སྟུང་ནགས་རའི་ནང་དུ་འཚོ་བཞིན་ཡོད།

ས་ཁམས་ཁྱབ་ཚུལ། ཀྲུང་གོའི་ཀན་སུའུ་དང་མཚོ་སྔོན། ཡུན་ནན། སི་ཁྲོན། བོད་ལྗོངས་བཅས་དང་བལ་པོ་དང་རྒྱ་གར།

30. 尼夜蛾　*Niaboma xena*（Staudinger，1896）

识别特征：翅展 38 毫米左右。头部棕红色，散布灰色。胸部棕红色，肩板密布灰白色。腹部棕红色，散布灰色。前翅棕褐色至棕红色，掺杂黑色;基线灰色，后半部膨大;内横线灰色，在中室前弯折，其后略平直外斜;中横线不显；外横线灰色，外向弧形内斜；亚缘线灰色略平直内斜，内侧略呈红棕色；外缘线红棕色；饰毛红棕色和灰色相间；环状纹斜圆形，内部灰色；肾状纹内斜灰色条形，散布棕红色；基纵纹黑色三角形；楔状纹黑色三角形；亚缘线区灰色；前缘和外缘区棕红色明显。后翅米灰色，散布褐色；翅脉褐色可见；饰毛米灰色；外缘 M_2 略内凹。

生态习性：生活于高原针叶林间。

分布范围：中国青海、西藏；尼泊尔。

30. ཉི་འབུ་མེ་ལྕེབ། *Niaboma xena*（Staudinger，1896）

དབྱེ་འབྱེད་ཁྱད་ཆོས། གཤོག་པ་བརྐྱངས་ན་རིང་ཚད་ཧའོ་སྨི38ཡས་མས་ཡོད། མགོ་ཡི་མདོག་ནི་སྨུག་དམར་ཡིན་པ་དང་དེའི་ནང་ལ་སྐྱ་བོ་འདྲེས་ཡོད། བྲང་ཁ་དམར་པོ་དང་ཕྲག་པར་དཀར་སྐྱ་ཡིན། ལྟོ་བ་སྨུག་པོ་ཡིན་ལ་དེའི་ནང་ཐལ་མདོག་འདྲེས་ཡོད། སྔོན་གཤོག་གི་ཁ་དོག་ཁམ་སྨུག་དང་སྨུག་པོ་ཡིན་ལ་དེའི་ནང་དུ་ནག་པོ་འདྲེས་ཡོད། གཞི་ཐིག་སྐྱ་བོ་ཡིན་པ་དང་། ནང་གི་འཕྲེད་ཐིག་སྐྱ་བོ་ཡིན་ལ། བར་བརྒྱུད་མདུན་དུ་གུག་ཅིང་། དེའི་རྗེས་ཅུང་དྲང་ཞིང་ཕྱི་ལ་གསེག་ཡོད། འཕྲེད་ཐིག་བར་མ་གསལ་པོ་མིན། ཕྱིའི་འཕྲེད་ཐིག་སྐྱ་བོ་དང་ཕྱི་ཕྱོགས་ཀྱི་གཞུ་དབྱིབས་ནང་ལ་གསེག་ཡོད། ཐལ་བའི་མཐའ་ཐིག་གི་མདོག་ནི་སྐྱ་བོ་ཡིན་ལ་དྲང་མོ་ནང་དུ་གསེག་ཡོད་པ་དང་། ནང་ཁུལ་གྱི་མདོག་ནི་དམར་སྨུག་ཡིན། མཐའ་ཐིག་གི་མདོག་ནི་ཟྭ་མདོག་ཡིན་ལ། སྐྲ་རྒྱན་ནི་ཟྭ་མདོག་དང་སྐྱ་མདོག་གི་བར་དུ་ཡོད། གདུབ་དབྱིབས་རི་མོ་ནི་སྒོར་དབྱིབས་ཡིན་པ་དང་ནང་གི་མདོག་ནི་སྐྱ་བོ་ཡིན། མཁལ་མའི་དབྱིབས་ཀྱི་རི་མོའི་ནང་དུ་ཁ་དོག་སྐྱ་བོའི་གསེག་རིས་ཡོད་པ་དང་དེའི་ནང་དུ་དམར་སྨུག་འདྲེས་ཡོད། རྐང་རིས་ནག་པོ་ཟུར་གསུམ་དབྱིབས་ཡིན་པ་དང་། ཁྱིའུ་

དབྱིབས་ནག་པོ་ཟླུར་གསུམ་དབྱིབས། ཕལ་བའི་ཐིག་ཁྲུལ་གྱི་མདོག་ནི་སྐྱ་མདོག་ཡིན་པ་དང་། མདུན་སྣེ་དང་མཐའ་ཁྲུལ་གྱི་ཁ་དོག་དམར་པོ་ཡིན། གཤོག་འདབ་ཕྱི་མའི་མདོག་ནི་སྐྱ་མདོག་ཡིན་པ་དང་། ཕྱི་མཐའ་དང་ནང་མཐའ་ཡི་མདོག་ནི་སྨུག་པོ་ཡིན། གཤོག་རྩ་ཡི་མདོག་ནི་ཁམ་པ་ཡིན་པ་དང་། རྒྱན་སྤྲུ་ཡི་མདོག་ནི་སྐྱ་དཀར་ཡིན་ལ། ཕྱི་མཐའི M_2 ནང་དུ་ཚུང་ཟད་བརྡེབས་ཡོད།

སྐྱེ་ཁམས་གོམས་གཤིས། མཐོ་སྒང་གི་ལོ་སྣུང་ནགས་རའི་ནང་ན་འཚོ་བཞིན་ཡོད།

ས་ཁམས་ཁྱབ་ཚུལ། ཀྲུང་གོའི་མཚོ་སྔོན་དང་བོད་ལྗོངས་བཅས་དང་བལ་པོ།

31. 阴寡夜蛾 *Sideridis satanella*（Alphéraky，1892）

识别特征：翅展 33—34 毫米。个体变异较大，有些个体色极深。头部棕褐色，散布灰色。胸部棕褐色，中央具烟黑色。腹部棕灰色，散布棕红色。前翅棕灰色，散布烟黑色，少量棕红色；基线黑色短弧线，中部较细；内横线黑色，内侧伴衬淡灰色，外侧伴衬棕红色，由前缘外斜至褶脉，再外向弧形内斜至后缘；中横线烟黑色，较模糊；外横线弧形内斜至后缘，中部在翅脉上成角；亚缘线白色至灰白色，两侧伴衬黑色，波浪状弧形弯曲至臀角，且由前至后渐粗；外缘线由翅脉间三角形黑斑组成；饰毛基部白色，其外黑褐色；环状纹外斜圆形，边框黑色，内侧伴衬棕红色，中央烟黑色；肾状纹略弧形的块斑，外框黑色，内部烟黑色，内侧具一灰色条线；楔状纹粗指形，外框黑色；各横线在前缘区多模糊。后翅灰褐色至灰色；新月纹隐约可见晕斑；外缘 M_2 略内凹。

生态习性：生活于高原针阔叶混交林间。

分布范围：中国青海、西藏；尼泊尔；印度。

31. མོ་ཧྲེང་འབུ་མེ་ལྕེབ། *Sideridis satanella*（Alphéraky，1892）

དབྱེ་འབྱེད་ཁྱད་ཆོས། གཤོག་པ་བརྐྱངས་ན་རིང་ཚད་ཧའོ་སྨི33—34ཡིན། བྱེ་བྲག་གི་གཞན་འགྱུར་ཆུང་ཆེ་ཞིང་བྱེ་བྲག་ཁ་ཤས་ཀྱི་ཁ་དོག་ཤིན་ཏུ་ཟབ་མོ་ཞིག་ཡིན། མགོ་བོ་ཡི་མདོག་ནི་ཁམ་སྨུག་ཡིན་པ་དང་དེའི་ནང་དུ་སྐྱ་བོ་འདྲེས་ཡོད། བྲང་གི་མདོག་ནི་ཐ་མདོག་ཡིན་ལ་དཀྱིལ་ལ་སྐྱ་ནག་འདྲེས། ཕོ་ཡི་མདོག་སྨུག་པོ་ཡིན་པ་དང་ནང་དུ་དམར་སྨུག་འདྲེས། སྔོན་གཤོག་གི་མདོག་ཁམ་སྐྱ་ཡིན་པ་དང་དེའི་ནང་དུ་སྔོ་སྐྱ་འདྲེས་ཡོད་ལ། དམར་སྨུག་ཀྱང་ཆུང་ཟད་འདྲེས་ཡོད། གཞི་ཐིག་གི་མདོག་ནི་ནག་པོ་ཡིན་ལ་བར་ཐིག་ཕྲང་ཞིང་དཀྱིལ་ཆུང་ཕྲ་བ་དང་། ནང་གི་འཕྲེད་སྐུད་ནག་པོ་ཡིན་པ་དང་། ནང་ངོས་ཀྱི་མདོག་སྐྱ་བོ་དང་། ཕྱི་གཤོགས་ཀྱི་ཁ་དོག་སྨུག་པོ་ཡིན། མདུན་སྣེ་ཕྱི་གསེག་ནས་ལྷེབ་རྩ་དང་། དེ་ནས་གཞུ་དབྱིབས་ནང་གསེག་ནས་རྒྱབ་སྣེ་དང་། འཕྲེད་ཐིག་བར་མའི་མདོག་སྔོ་སྐྱ་ཡིན་ཞིང་ཆུང་རབ་རིབ་ཡིན། ཕྱིའི་འཕྲེད་སྐུད་ཀྱི་གཞུ་དབྱིབས་ནང་དུ་གསེག་ནས་རྒྱབ་མཐའ་དང་། དཀྱིལ་གྱི་གཤོག་རྩའི་སྟེང་དུ་ར་གྲུབ་ཡོད། མཐའ་འབྲེལ་གྱི་ཐིག་དཀར་པོའམ་དཀར་སྐྱ་ཡིན་པ་དང་། གཤོགས་གཉིས་དང་མཉམ་དུ་ནག་པོ་ཡིན། ཐ་རླབས་དབྱིབས་ནི་འཕོངས་མཐོར་གཞུ་དབྱིབས་སུ་གྲུག་ཡོད། སྔོན་ནས་མཇུག་བར་ནི་རིམ་བཞིན་སྔོམ་པོར་འགྱུར་བ་དང་། ཕྱི་

མཐའི་ཐིག་ནི་གཤོག་རྩའི་བར་ནས་བྱུར་གསུམ་གྱི་དབྱིབས་སུ་གྲུབ་ལ་སྟེང་ལ་ནག་ཁྲ་ཡོད། སྤུ་རྒྱུན་གྱི་རྩ་བ་དཀར་པོ་ཡིན་པ་དང་། གདུབ་དབྱིབས་རི་མོ་ཕྱི་ཙ་སྒོར་དབྱིབས་སུ་གསེག་པ་དང་མཐའ་སྨྲོམ་ནག་པོ་ཡིན། ནང་ངོས་ཀྱི་ཁ་དོག་དམར་པོ་ཡིན་པ་དང་། དཀྱིལ་ནི་ནག་པོ་ཡིན་ལ། མཁལ་མའི་དབྱིབས་ཀྱི་གཉེར་རིས་ཆུང་ནང་དུ་གཞུ་དབྱིབས་སུ་གྲུག་ཡོད་ལ་དེའི་སྟེང་ལ་ཁྲ་ཐིག་ཡོད་ལ། ཕྱི་སྨྲོམ་ནག་པོ་ཡིན། ནང་ཁུལ་གྱི་མདོག་ནི་ཐོ་སྐྱ་ཡིན་པ་དང་། ནང་ངོས་སུ་མདོག་སྐྱ་བོ་ཅན་གྱི་ཐིག་ཅིག་ཡོད་ལ། ཁྱིའུ་དབྱིབས་ཀྱི་རི་མོ་སྨྲོམ་པོ་ཡིན་ལ་ཕྱི་སྨྲོམ་ནག་པོ་ཡིན། འཕྲེད་ཐིག་ཁག་གི་མདུན་སྣེའི་ཁུལ་ནས་ཆུང་ཟད་རབ་རིབ་ཏུ་སྣང་། ཕྱི་གཤོག་ནི་སྐྱ་སྐྱ་ནས་ཐལ་མདོག་ཡིན་པ་དང་། ཟླ་གསར་རི་མོ་ལས་རབ་རིབ་ཀྱི་ཁྲ་ཐིག་མཐོང་ཐུབ། ཕྱི་མཐའིM_2ནང་དུ་ཆུང་ཟད་བརྡིབས་ཡོད།

སྐྱེ་ཁམས་གོམས་གཤིས། མཐོ་སྒང་གི་ཁབ་ཀྱི་ལོ་མ་ཆེ་བའི་མཉམ་བསྲེས་ནགས་རའི་ནང་ན་འཚོ་བཞིན་ཡོད།

ས་ཁམས་ཁྱབ་ཚུལ། ཀྲུང་གོའི་མཚོ་སྔོན་དང་བོད་ལྗོངས་དང་བལ་པོ་དང་རྒྱ་གར།

32. 会冥夜蛾 *Erebophasma vittata*（Staudinger，1895）

识别特征：翅展 33—35 毫米。头部棕红色。胸部棕红色，后胸密布灰白色长鳞毛；领片后缘黑色至暗棕红色。腹部棕灰色。前翅棕色至棕灰色；基线、内横线、中横线和外横线不显；亚缘线棕褐色弧形弯曲，前缘呈似三角形斑；外缘线黑褐色，在臀角与亚缘线近似相交；饰毛较底色淡；环状纹外斜灰黄色椭圆形，外框黑色，内、外侧伴衬三角形和四方形黑斑；肾状纹内斜弯条，中央具烟黑色条线，外侧伴衬黑色晕纹；中室前、后缘灰白的，且后者伴衬浑黄色，与肾状纹合成一三角形长楔斑；基纵线黑色，伸达肾状纹后缘。后翅灰白色，前缘和外缘区色深；外缘深褐色；饰毛米黄色至米灰色；新月纹烟褐色晕斑。

生态习性：生活于高原针叶林间。

分布范围：中国青海、四川、西藏；尼泊尔。

32. སྣོམ་ཤེས་འབུ་མེ་ལྕེབ། *Erebophasma vittata*（Staudinger，1895）

དབྱེ་འབྱེད་ཁྱད་ཆོས། གཤོག་པ་བརྐྱངས་ན་རིང་ཚད་ཧྲི་སྨི33—35ཡིན། མགོ་དམར་པོ་ཡིན་པ་དང་ཐང་ཁའི་ཁ་དོག་སྨུག་པོ་ཡིན། ཐང་རྒྱབ་ཏུ་ཁ་དོག་དཀར་སྨུག་གི་ཁྲབ་སྤུ་སྐྱེས་ཡོད། གོང་ཁའི་རྫེས་ཀྱི་མདོག་ནི་ནག་པོ་ནས་དམར་པོ་ཡིན། ལྟོ་བའི་ཁ་དོག་སྨུག་སྐྱ་ཡིན་པ་དང་། མདུན་གཤོག་གི་མདོག་ནི་ཇ་མདོག་དང་སྨུག་པོ་ཡིན། གཞི་ཐིག་དང་ནང་གི་འཕྲེད་ཐིག དཀྱིལ་གྱི་འཕྲེད་ཐིག ཕྱི་ཡི་འཕྲེད་སྐུད་མི་གསལ། ཕལ་བའི་མཐའ་ཐིག་གི་མདོག་སྨུག་པོ་ཡིན་ལ་གཞུ་དབྱིབས་སུ་གྱུག་ཅིང་། མདུན་སྣེ་ནི་ཟུར་གསུམ་དབྱིབས་ཀྱི་ཁྲ་དང་མཚུངས། ཕྱིའི་མཐའ་ཐིག་གི་མདོག་ནི་སྨུག་ནག་ཡིན་པ་དང་འཕོངས་ཤའི་ཟུར་དང་ཕལ་བའི་མཐའ་ཐིག་གི་སྟོལ་སྟེབ་དང་མཚུངས། སྤུ་རྒྱུན་ནི་ཞབས་ཀྱི་ཁ་དོག་ལས་སྲབ་ཅིང་། གདུབ་དབྱིབས་ཀྱི་ཕྱི་གསེག་གི་མདོག་སེར་པོའི་འཛོང་དབྱིབས་ཡིན་པ་དང་། ཕྱི་ངོས་ཀྱི་མདོག་ནག་པོ་ཡིན། ནང་དང་ཕྱི་གཞོགས་སུ་ཟུར་གསུམ་དབྱིབས་དང་དབྱིབས་གྲུ་བཞིའི་ཁྲ་རིས་ནག་པོ་ཡོད། མཁལ་མའི་དབྱིབས་ཀྱི་རི་མོ་ནང་དུ་གསེག་ཡོད། དཀྱིལ་གྱི་མདོག་ནི་ཐོ་སྐྱ་ཡིན་པ་དང་། ཕྱི་གཞོགས་སུ་ཁ་དོག་ནག་པོ་ཅན་གྱི་རི་མོ་ཡོད། བར་ཁང་གི་མདུན་དང་རྒྱབ་ཀྱི་མདོག་ནི་སྐྱ་བོ་ཡིན་པ་དང་། ཕྱི་མ་དང་མཉམ་དུ་མདོག་སེར་པོར་གྱུར་ཏེ། མཁལ་མའི་དབྱིབས་ཀྱི་རི་མོ་དང་ཟུར་གསུམ་རིང་ཞིང་ཁྱིའུ་དབྱིབས་ཀྱི་ཁྲ་ཐིག་ཅིག་གྲུབ། གཞི་ཐིག་ནག་པོ་ཡིན་པ་དང་གཤོག་པ་ཕྱི་མ་ནི་དཀར་སྐྱ་ཡིན་ཞིང་། མདུན་མཐའ་དང་ཕྱི་མཐའ་ཡི་ཁ་དོག་སྨུག་པོ་ཡིན། ཕྱི་མཐའི་མདོག་ནི་ཁམ་མདོག་ཡིན་པ་དང་སྤུ་མདོག་སེར་པོ་ནས་དཀར་སྐྱ་ཡིན་ལ། ཟླ་གསར་གྱི་མདོག་ནི་ཐོ་སྐྱ་དང་སྨུག་པོར་གྱུར་འདུག

སྐྱེ་ཁམས་གོམས་གཤིས། མཐོ་སྒང་གི་ལོ་སྟུང་ནགས་རའི་ནང་ན་འཚོ་བཞིན་ཡོད།

ས་ཁམས་ཁྱབ་ཚུལ། ཀྲུང་གོའི་མཚོ་སྔོན་དང་སི་ཁྲོན། བོད་ལྗོངས་བཅས་དང་བལ་པོ།

33. 红棕皂狼夜蛾 *Dichagyris ellapsa*（Corti，1927）

识别特征：翅展 44—46 毫米。头部棕红色，散布灰色。胸部棕红色，中央密布灰白色至白色；领片棕红色，后缘白色较窄，黑色较宽；后胸棕灰色。腹部棕灰色，近末端棕红色可见。前翅棕红色至暗红色，散布青白色、黑色；基线不明显；内横线黑色双线，双线间灰红色，仅中室后可见弧形内斜；中横线不显；外横线黑色至暗红色波浪形弯曲；亚缘线在前缘区呈黑色条斑，其后灰白色较模糊，后缘区略明显；外缘线较底色略深；饰毛基部黄红色，其外红色；基纵线呈黑色三角形大斑；楔状纹三角形，外框黑色；环状纹内斜淡褐灰色楔形斑；肾状纹淡褐灰色腰果形，外框黑色；前缘区基部到外横线间淡褐灰色，棕色前缘和中室前半部淡褐灰色与环状纹和肾状纹相连；外缘线区散布青白色；亚缘线区淡红色；基部至外横线间后半部红色明显。后翅米黄色至灰黄色，前缘和外缘区烟黑色；新月纹烟黑色弧形斑；饰毛米黄色，散布烟灰色。

生态习性：生活于高原针阔叶混交林间。

分布范围：中国云南、西藏、四川；尼泊尔。

33. ཁམ་དམར་ཀྱི་ལང་འབུ་མེ་ལྕེབ། *Dichagyris ellapsa*（Corti，1927）

དབྱེ་འབྱེད་ཁྱད་ཆོས། གཤོག་པ་བརྐྱངས་ན་རིང་ཚད་ཧ་འོ་སྨི44—46ཡོད། མགོ་ནི་ཁམ་སྨུག་ཡིན་པ་དང་དེའི་ནང་དུ་མདོག་སྐྱ་བོ་འདྲེས་ཡོད། བྲང་གི་ཁ་དོག་སྨུག་པོ་ཡིན་པ་དང་། དཀྱིལ་གྱི་མདོག་ནི་དཀར་སྐྱ་ཡིན་ལ་དེའི་ནང་དུ་སྨུག་པོ་འདྲེས། སྐེ་ལེབ་དམར་པོ་ཡིན་པ་དང་། རྒྱབ་མཐའི་ཁ་དོག་དཀར་པོ་ཙུང་དོག་ཅིང་། ནག་པོ་ཙུང་ཡངས་པ་ཞིག་ཡིན། བྲང་ཁའི་མདོག་སྨུག་སྐྱ་ཡིན་པ་དང་ལྟོ་བའི་མདོག་སྨུག་སྐྱ་ཡིན། མདུན་གཤོག་གི་ཁ་དོག་སྨུག་པོའམ་དམར་སྐྱ་ཡིན་པ་དང་དེའི་ནང་དུ་ཁ་དོག་སྔོན་པོ་དང་ནག་པོ་ཁྱབ་ཡོད། གཞི་ཐིག་མངོན་གསལ་མིན། ནང་གི་འཕྲེད་སྐུད་ནག་པོ་ཡིན་པ་དང་སྐུད་པ་ཟུང་ལྡན་བར་གྱི་མདོག་སྐྱ་དམར་ཡིན། བར་ཁང་ཁོ་ནའི་རྗེས་ནི་གཞུ་དབྱིབས་ནང་གསེག་ཡིན་པ་མཐོང་ཐུབ། འཕྲེད་ཐིག་བར་མ་མི་གསལ། ཕྱིའི་འཕྲེད་ཐིག་ནག་པོ་ནས་དམར་པོའི་རླབས་རིས་ཀྱི་དབྱིབས་ནང་དུ་གྱུག་ཡོད། ཐལ་བའི་མཐའ་ཐིག་གི་མདུན་སྐེའི་ཁུལ་དུ་ཁྲ་ཐིག་ནག་པོ་ཡོད་ཅིང་། དེའི་རྗེས་མདོག་དཀར་སྐྱ་ཙུང་རབ་རིབ་

ཡིན་པ་དང་། གཞུག་མཐའི་མཐའ་ཁུལ་ཙུང་མདོན་གསལ་ཡིན། མཐའ་ཐིག་ནི་མདོག་ཞབས་ཀྱི་ཁ་དོག་ལས་ཙུང་ཟབ། སྒྲ་རྒྱན་གྱི་རྩ་བ་ནི་སེར་དམར་ཡིན་པ་དང་། དེའི་ཕྱི་ངོས་ནི་དམར་པོ་ཡིན། རྨང་གཞུང་གི་ཐིག་ནི་ཟུར་གསུམ་དབྱིབས་ཀྱི་ཁྲ་ཐིག་ནག་པོ་ཆེན་པོ་ཞིག་ཡིན། ཁྲིའུ་དབྱིབས་གཉེར་མ་ནི་ཟུར་གསུམ་དབྱིབས་ཡིན་པ་དང་ཕྱི་སྐྲོམ་ནག་པོ་ཡིན། གདུབ་དབྱིབས་རི་མོའི་ནང་གསེག་གི་མདོག་སྐྱ་སྨུག་ཡིན་ལ་ཁྲིའུ་དབྱིབས་ཁྲ་རིས་ཡིན། མཁལ་མའི་དབྱིབས་ཀྱི་མདོག་ནི་སྐྱ་སྐྱ་ཡིན་ལ། མདུན་སྣེའི་གནས་ནས་ཕྱིའི་འཕྲེད་ཐིག་བར་གྱི་མདོག་ནི་སྐྱ་སྐྱ་ཡིན། རྫ་མདོག་གི་མདུན་མཐའ་དང་བར་གྱི་ཕྱེད་ཁམ་སྐྱ་བོ་ཡིན་པ་ནི་གདུབ་དབྱིབས་རི་མོ་དང་མཁལ་མའི་དབྱིབས་ཀྱི་རི་མོ་བཅས་ཕན་ཚུན་སྦྲེལ་ཡོད། ཕྱི་མཐའི་ཐིག་ཁུལ་དུ་ཁ་དོག་སྔོན་པོ་ཁྱབ་ཡོད་ལ། ཕལ་བའི་ལམ་ཐིག་ཁུལ་གྱི་མདོག་དམར་སྐྱ་ཡིན་ལ། དེའི་གཞི་ཡི་ཕྱིའི་འཕྲེད་ཐིག་བར་གྱི་ཕྱེད་ཀ་ནི་དམར་པོ་ཡིན། མཇུག་གཤོག་གི་མདོག་སེར་པོ་ནས་སྐྱ་བོའི་བར་ཡིན་པ་དང་། མདུན་སྣེ་དང་ཕྱི་མཐའ་ཡི་ཁུལ་ནི་སྔོ་ནག་ཡིན། ལྟེ་གསར་གྱི་རི་མོའི་སྙིང་གཞུ་དབྱིབས་ནག་པོའི་ཁྲ་རིས་ཡོད། རྒྱན་སྤྲུ་ཡི་མདོག་ནི་སེར་པོས་རྒྱན་ལ་དེའི་ནང་དུ་སྔོ་སྐྱ་འདྲེས་ཡོད།

སྐྱེ་ཁམས་གོམས་གཤིས། མཚོ་སྨད་གི་ཁབ་དབྱིབས་ལོ་མ་ཆེ་བའི་མཉམ་བསྲེས་ནགས་རའི་ནང་དུ་འཚོ་བཞིན་ཡོད།

ས་ཁམས་ཁྱབ་ཚུལ། ཀྲུང་གོའི་ཡུན་ནན་དང་བོད་ལྗོངས། སི་ཁྲིན་བཅས་དང་བལ་པོ།

34. 白纹罕夜蛾 *Actebia sikkima*（Moore，1867）

识别特征：翅展 32—34 毫米。头部白色，散布混灰色。胸部棕灰色，掺杂灰白色和烟黑色；领片白色。腹部灰白色至灰色。前翅灰白色，翅脉多白色；基线黑色双线内斜至 2A，双线间白色，内侧线在中室内凹成角，外侧线在中室外突呈块状，与内横线近似相连；内横线黑色波浪形略外斜双线，双线间白色；中横线黑色，多在前缘可见小条斑，中室后略显晕条；外横线黑色弯曲双线，双线间白色，由前缘弯折外斜至 R，再外向弧形弯曲至后缘，内侧线较外侧线明显；亚缘线灰白色，略波浪形内斜，内侧 M_1—Cu_1 翅脉间伴衬黑色条形斑；外缘线黑色；饰毛灰白色和烟黑色相杂；环状纹乳白色半圆形，内、外侧框黑色；肾状纹乳白色弧形斑，内、外侧框黑色；楔状纹不明显，顶端黑框较明显；基纵线黑色细线。后翅棕褐色；新月纹较底色略深的弧形斑；饰毛棕褐色。

生态习性：生活于高原针叶林间。

分布范围：中国青海、四川、西藏；尼泊尔；印度。

34. རིས་དཀར་དགོན་འབུ་མེ་ལྕེབ། *Actebia sikkima* (Moore， 1867)

དབྱེ་འབྱེད་ཁྱད་ཆོས། གཤོག་པ་བརྐྱངས་ན་རིང་ཚད་ནི་ཧའོ་སྨི32—34ཡིན། མགོ་དཀར་པོ་ཡིན་ལ་དེའི་ནང་དུ་ཐལ་མདོག་འདྲེས་ཡོད། བྲང་ཁོག་གི་མདོག་ནི་སྨུག་སྐྱ་ཡིན་ལ་དེའི་ནང་དུ་དཀར་སྐྱ་དང་སྔོ་ནག་བསྲེས་ཡོད། གོང་བའི་མདོག་དཀར་པོ་ཡིན། ལྟོ་བ་སྐྱ་བོ་ཡིན། གཤོག་པ་སྔོན་མ་ནི་དཀར་སྐྱ་ཡིན་ལ། གཤོག་རྩ་ནི་དཀར་པོ་ཡིན། གཞི་ཐིག་ནག་པོ་ཟུང་ལྡན་ཡིན་ལ་ཐིག་ནང་དུ་གསེག་ནས2Aདང་། ཟུང་ཐིག་བར་གྱི་མདོག་ནི་དཀར་པོ་ཡིན། ནང་གཤོགས་ཀྱི་ཐིག་ནང་དུ་གུག་ནས་ར་ཚགས་ཡོད། ཕྱི་གཤོགས་ཀྱི་ཐིག་ཕྱི་ནང་དུ་འབུར་ནས་ལེབ་དབྱིབས་མངོན་པ་དང་། ནང་གི་འཕྲེད་སྐུད་དང་འདྲ་མཚུངས་ཡིན། ནང་གི་འཕྲེད་ཐིག་ནག་པོ་ཡིན་པ་དང་། ཟླུམ་རིས་ནག་པོ་ཕྱི་གསེག་ཟུང་ཐིག་ཡིན་ལ་ཉིས་ཐིག་བར་དཀར་པོ་ཡིན། དཀྱིལ་གྱི་འཕྲེད་ཐིག་ནག་པོ་དེ་མང་ཆེ་བའི་མདུན་སྣེའི་སྟེང་དུ་ཁྲ་ཐིག་ཆུང་ཆུང་མཐོང་རྒྱུ་ཡོད་པ་དང་། བར་ཤག་གི་རྒྱབ་ཏུ་ཚུང་གསལ་པོའི་རབ་རིབ་ཀྱི་ཐིག་མཐོང་རྒྱུ་འདུག ཕྱིའི་འཕྲེད་སྐུད་ནག་པོ་གུག་

ནས་ཉིས་ཐིག་ཡིན་ལ། ཟུང་ལྡན་ཐིག་གི་བར་ནི་དཀར་པོ་ཡིན་ཞིང་། མདུན་སྣེ་གུག་ནས་ཕྱི་ཕྱོགས་སུ་གསེག་ནསRདང་། ཕྱི་ཕྱོགས་སུ་གཞུ་དབྱིབས་ཅན་གུག་ནས་རྒྱབ་སྣེ་ཏུ་གུག་ཡོད་པས། ནང་གཞོགས་ཀྱི་ཐིག་དེ་ཕྱི་གཞོགས་ཐིག་ལས་མངོན་གསལ་ཡིན། མཐའ་ཐིག་ཕལ་བ་ནི་དཀར་སྐྱ་ཡིན་ལ། དེ་ནི་ཆླབས་གཟུགས་ནང་གསེག་ཡིན། ནང་ངོས་ཀྱིM_1—Cu_1གཤོག་རྩའི་བར་དུ་ཁ་དོག་ནག་པོ་ཅན་གྱི་ཁྲ་ཐིག་ཅིག་ཡོད། མཐའ་ཐིག་ནག་པོ་ཡིན་པ་དང་སྤུ་མདོག་སྐྱ་བོ་དང་སྔོ་ནག་ཕན་ཚུན་འདྲེས་ཡོད། གདུབ་དབྱིབས་གཉེར་མ་དཀར་པོ་ཡིན་པ་དང་སྒོར་དབྱིབས་ཕྱེད་ཀའི་ནང་ངོས་དང་ཕྱི་ངོས་ནག་པོ་ཡིན། མཁལ་མའི་དབྱིབས་ལ་འོ་དཀར་གྱི་མདོག་ལྡན་པ་དང་། ཁྱིའུ་དབྱིབས་རི་མོ་མི་གསལ་ལ། རྩེ་མོ་ནག་པོ་ཡིན་པའི་སྒྲོམ་ཐུང་མངོན་གསལ་ཡིན། རྨང་གཞུང་གི་ཐིག་ཏུ་ནག་ཐིག་ཕྲ་མོ་ཡོད། རྒྱབ་གཤོག་གི་མདོག་སྐྱ་སྨུག་ཡིན་པ་དང་། ཟླ་གསར་གཉེར་རིས་ལ་ཐུང་གཏིང་ཟབ་པའི་གཞུ་དབྱིབས་ཅན་གྱི་ཁྲ་ཐིག་ཅིག་ཡོད་ལ། སྤུ་རྒྱན་ཛ་མདོག་ཡིན།

སྐྱེ་ཁམས་གོམས་གཤིས། མཐོ་སྒང་གི་ལོ་སླུང་ནགས་རའི་ནང་དུ་འཚོ་བཞིན་ཡོད།

ས་ཁམས་ཁྱབ་ཚུལ། ཀྲུང་གོའི་མཚོ་སྔོན་དང་སི་ཁྲོན། བོད་ལྗོངས་བཅས་དང་། བལ་པོ་དང་རྒྱ་གར།

35. 甲罕夜蛾　*Actebia adornata*（Corti & Draudt，1933）

识别特征：翅展 27—28 毫米。头部棕褐色，散布少量灰色。胸部黑褐色至烟黑色，中央散布灰白色；领片棕褐色，外缘黑色。腹部前 2 节黑褐色，其余部分黑色，散布灰白色。前翅烟黑色；基线波浪形弯曲黑色双线，双线间白色；内横线黑色波浪形外斜双线，双线间灰白色至灰黑色；中横线黑色，前缘明显，其后边界不清的晕线；外横线波浪形弧状弯曲，由前缘外斜至 R，再弧形弯曲至后缘，内侧线黑色细线，外侧线较淡；亚缘线黑灰色内斜线，M_1—Cu_1 翅脉间伴衬黑色条形斑；外缘线黑色；饰毛基部米黄色，其外烟黑色，末端散布少量米黄色；环状纹白色方形；肾状纹白色方斑，由内至外减淡；基纵线黑色短线；楔状纹不规则块斑，外框纤细黑色，较模糊；肾状纹和环状纹之间黑色呈方斑；基线区和前缘区色较淡。后翅黑色，后缘区色略淡；饰毛较前翅色略深。

生态习性：生活于高原针阔叶混交林间。

分布范围：中国青海、云南、四川、西藏；尼泊尔。

35. ཅ་རྟན་འབུ་མེ་ལྕེབ། *Actebia adornata*（Corti & Draudt，1933）

དབྱེ་འབྱེད་ཁྱད་ཆོས། གཤོག་པ་བརྐྱངས་ན་རིང་ཚད་ནི་ཧའོ་སྨི27—28ཡོད། མགོ་བོའི་མདོག་ནི་སྨུག་པོ་ཡིན་ལ་དེའི་ནང་ཐལ་མདོག་ཉུང་ཤས་ཤིག་ཁྱབ་ཡོད། བྲང་གི་ཁ་དོག་སྨུག་པོ་ནས་སྔོ་ནག་ཡིན་པ་དང་། དཀྱིལ་དུ་མདོག་དཀར་སྐྱ་ཁྱབ་ཡོད། གོང་ཁའི་ཁ་མདོག་དཀར་པོ་ཡིན་པ་དང་མཐའ་གཤམ་ནག་པོ་ཡིན། གསུམ་པའི་མདུན་གྱི་ཚིགས་གཉིས་ནི་སྨུག་ནག་ཡིན་པ་དང་གཞན་པའི་ཆ་ཤས་ནི་ནག་པོ་ཡིན་ལ་དེའི་ནང་མདོག་སྐྱ་བོ་ཞིག་ཁྱབ་ཡོད། མདུན་གྱི་གཤོག་པའི་མདོག་ནི་སྔོ་ནག་ཡིན་པ་དང་། གཞི་ཐིག་གི་རྣབས་རིས་ནི་མདོག་ནག་པོའི་སྐུད་གཉིས་སུ་འཁྱིལ་ཡོད། ཟུར་ཐིག་བར་གྱི་མདོག་ནི་དཀར་པོ་ཡིན། ནང་གཞོགས་ཀྱི་ཐིག་ནང་དུ་གུག་ནས་རྡ་ཆགས་ཡོད། ཕྱི་གཞོགས་ཀྱི་ཐིག་ཕྱི་ནང་དུ་འབུར་ནས་ལེབ་དབྱིབས་མངོན་པ་དང་། ནང་གི་འཕྲེད་སྐུད་དང་འདྲ། ནང་གི་འཕྲེད་ཐིག་ནག་པོ་ཡིན་པ་དང་། རྣབས་རིས་ནག་པོ་ཕྱི་གསེག་ཟུང་ཐིག་ཡིན་ལ་ཉིས་ཐིག་བར་དཀར་པོ་ཡིན། དཀྱིལ་གྱི་འཕྲེད་ཐིག་ནག་པོ་དེ་མང་ཆེ་བའི་མདུན་སྣེའི་སྟེང་དུ་ཁྲ་ཐིག་ཆུང་ཆུང་མཐོང་རྒྱུ་ཡོད་པ་དང་། བར་ཤག་གི་རྒྱབ་ཏུ་ཐུང་གསལ་པོའི་རབ་རིབ་ཀྱི་ཐིག་མཐོང་རྒྱུ་འདུག ཕྱིའི་འཕྲེད་སྐུད་ནག་པོ་གུག་ནས་ཉིས་ཐིག་ཡིན་ལ། ཟུང་ལྡན་ཐིག་གི་བར་ནི་དཀར་པོ་ཡིན་ཞིང་། མདུན་སྣེ་གུག་ནས་ཕྱི་ཕྱོགས་སུ་གསེག་ནསRདང་། ཕྱི་ཕྱོགས་སུ་གཞུ་དབྱིབས་ཅན་གུག་ནས་རྒྱབ་སྣེ་ཙ་གུག་ཡོད་པས། ནང་གཞོགས་ཀྱི་ཐིག་དེ་ཕྱི་གཞོགས་ཐིག་ལས་མངོན་གསལ་ཡིན། མཐའ་ཐིག་ཕལ་བ་ནི་དཀར་སྐྱ་ཡིན་ལ། དེ་ནི་རྣབས་གཟུགས་ནང་གསེག་ཡིན། ནང་ངོས་ཀྱིM_1—Cu_1གཤོག་རྩའི་བར་དུ་ཁ་དོག་ནག་པོ་ཅན་གྱི་ཁྲ་ཐིག་ཡོད། མཐའ་ཐིག་ནག་པོ་ཡིན་པ་དང་སྦུ་མདོག་སྐྱ་བོ་དང་སྔོ་ནག་ཕན་ཚུན་འདྲེས་ཡོད། སྦུ་རྒྱུན་གྱི་རྩ་བ་ནི་སེར་པོ་ཡིན་པ་དང་། དེའི་ཕྱིའི་ནི་སྔོ་ནག་ཡིན་ཞིང་། སྣེ་མོར་མདོག་སེར་པོ་ཉུང་ཙམ་ཁྱབ་ཡོད། གདུབ་དབྱིབས་རི་མོ་དཀར་པོ་ནི་གྲུ་བཞི་ཡིན་པ་དང་། མཁལ་མའི་དབྱིབས་ཀྱི་ཁྲ་ཐིག་དཀར་པོ་ནི་ནང་ནས་ཕྱི་རུ་རྗེ་ཉུང་དུ་ཕྱིན་ཡོད། རྨང་སྐུད་ནག་པོ་ཡིན་པ་དང་། ཁྱིའུ་དབྱིབས་རི་མོ་ཏུ་ཆ་མི་འགྲིག་པའི་ཁྲ་རིས་ཤིག་ཡོད་པ་དང་ཕྱི་སྒྲོམ་ཕྲ་ཞིང་མདོག་ནག་པོ་ཡིན་ལ། ཐུང་རབ་རིབ་ཡིན། མཁལ་མའི་དབྱིབས་ཀྱི་རི་མོ་དང་གདུབ་དབྱིབས་ཀྱི་རི་མོ་ནག་པོ་ནི་གྲུ་བཞི་ཅན་གྱི་ཁྲ་ཐིག་ཅིག་ཡིན། གཞི་ཐིག་ཁུལ་དང་མདུན་སྣེའི་ཁུལ་གྱི་མདོག་ཐུང་ཞན། རྒྱབ་གཤོག་ནག་པོ་ཡིན་པ་དང་། རྒྱབ་མཐའི་ཁུལ་གྱི་ཁ་དོག་ཐུང་སྲབ་མོད། སྦུ་རྒྱུན་ནི་གཤོག་པ་སྔོན་མ་ལས་ཐུང་ཟབ།

སྐྱེ་ཁམས་གོམས་གཤིས། མཐོ་སྒང་གི་ཁབ་ཀྱི་ལོ་མ་ཆེ་བའི་མཉམ་བསྲེས་ནགས་རའི་ནང་དུ་འཚོ་བཞིན་ཡོད།

ས་ཁམས་ཁྱབ་ཚུལ། ཀྲུང་གོའི་མཚོ་སྔོན་དང་ཡུན་ནན། སི་ཁྲོན། བོད་ལྗོངས་བཅས་དང་། བལ་པོ།

36. 饰鲁夜蛾 *Xestia agalma*（Püngeler，1899）

识别特征：翅展 39—41 毫米。头部棕灰色。胸部棕褐色，中央散布黑色；领片棕灰色，后缘棕褐色。腹部棕灰色。前翅灰色，散布黑色、棕灰色，青灰色；基线小波浪形内斜黑色二斑，中室上断裂；内横线弯曲双线，双线间灰色，内侧线棕色，外侧线黑色，由前缘外斜至中室前缘后弯折内斜至 2A，再外斜至后缘；中横线不显；外横线弧形弯曲双线，双线间灰色，内侧线黑色中段在翅脉上呈齿状，外侧线烟黑色，圆滑的弧形弯曲；亚缘线棕褐色，内侧翅脉间伴衬大小不一的锐三角形齿列；外缘线深褐色至黑褐色；饰毛棕灰色；环状纹半圆形，外框黑色，内侧伴衬灰色，内部棕色，中央散布灰白色；肾状纹腰果形，后部内侧有一延伸角，外框黑色，内侧伴衬灰色，内部棕色，中央散布灰白色；楔状纹三角形，外框黑色，内侧伴衬灰色，内部褐色；前缘区基部至外横线灰色明显，呈纵条；外缘线区烟黑色，散布青灰色；亚缘线区棕褐色；基纵线在内横线区呈一黑色块斑；环状纹内侧与内横线成一黑色三角形斑，与肾状纹间呈一方形黑褐色块斑；内横线和外横线间在褶脉呈一棕黑色条斑。后翅棕灰色至灰色，前缘和外缘区烟黑褐色较浓；新月纹楔形褐色晕斑。

生态习性：生活于高原针阔叶混交林间。

分布范围：中国青海、西藏；尼泊尔。

36. ཧྲི་ལུའུ་འབུ་མེ་ལྕེབ། *Xestia agalma*（Püngeler，1899）

དབྱེ་འབྱེད་ཁྱད་ཆོས། གཤོག་པ་བརྐྱངས་ན་རིང་ཚད་ནི་ཧའོ་སྨི39—41ཡིན། མགོ་སྐྱ་མདོག་ཡིན་པ་དང་བྲང་གི་ཁ་དོག་སྨུག་པོ་ཡིན་ལ་དཀྱིལ་དུ་ནག་པོས་ཁེངས་ཡོད། གོང་ཁ་སྨུག་སྐྱ་ཡིན་པ་དང་། རྒྱབ་ཀྱི་མདོག་ཁམ་པ་ཡིན། ལྟོ་བའི་མདོག་ནི་སྨུག་སྐྱ་ཡིན་པ་དང་། གཤོག་པ་སྔོན་མ་སྐྱ་བོ་ཡིན་ལ་དེའི་ནང་དུ་ནག་པོ་དང་ཁམ་སྐྱ་ཁྱབ་ཡོད། གཞི་ཐིག་གི་རྣབས་རིས་ཆུང་བའི་ནང་དུ་ནག་པའི་ཁྲ་ཐིག་གཉིས་ཡོད་པ་དང་། བར་ཁང་སྟེང་དུ་གས་ཆག་བྱུང་ཡོད། ནང་གི་འཕྲེད་ཐིག་གུག་པའི་ཉིས་ཐིག་དང་། ཟླུང་ཐིག་བར་གྱི་མདོག་ནི་སྐྱ་སྐྱ་ཡིན་ལ། ནང་ངོས་ཀྱི་ཐིག་ཁམ་མདོག་ཡིན་པ་དང་ཕྱི་གཞོགས་ཀྱི་ཐིག་ནག་པོ་ཡིན། མདུན་སྣེ་ཡི་ཕྱི་ནས་བར་ཁང་གི་སྔོན་སྣེ་ཡི་ཕྱི་ལ་གུག་ནས2Aབར་ཐོན་པ་དང་། དེ་ནས་ཕྱི་ལ་གསེག་ནས་ཕྱི་མཐའ་ལ་ཐོན་ཡོད་ལ། འཕྲེད་ཐིག་བར་མ་མི་གསལ། ཕྱིའི་འཕྲེད་སྐུད་གཞུ་དབྱིབས་སུ་གུག་པའི་ཟླུང་ལྡན་ཐིག་ཏུ་གྱུར་པ་དང་། ཟླུང་ཐིག་བར་གྱི་མདོག་སྐྱ་པོ་ཡིན། ནང་གཞོགས་ཀྱི་ཐིག་གི་དུམ་བུ་ནག་པོ་གཤོག་རྩའི་སྟེང་དུ་སོ་

དབྱིབས་སུ་སྣང་། ཕྱི་གཤོགས་ཀྱི་ཐིག་གི་མདོག་ནི་སྔོ་ནག་ཡིན་པ་དང་། མགོ་བདེ་བོ་ཡིན་པའི་གཞུ་དབྱིབས་སུ་གུག་ཅིང་འཁྱོག་ཡོད། མཐའ་འབྲེལ་ཐིག་གི་མདོག་ནི་སྨུག་པོ་ཡིན་པ་དང་། ནང་ངོས་ཀྱི་གཤོག་པའི་བར་དུ་ལྷན་སྦྱར་གྱི་ཆེ་ཆུང་མི་འདྲ་བའི་ཟུར་གསུམ་དབྱིབས་ཀྱི་སོ་ཕྲེང་ཡོད། མཐའ་ཐིག་གི་མདོག་ནི་སྨུག་པོ་ནས་སྨུག་ནག་ཡིན་པ་དང་སྤུ་མདོག་སྨུག་པོ་ཡིན། གདུབ་དབྱིབས་རི་མོ་སྔོར་ཕྱེད་ཀྱི་དབྱིབས་སུ་སྣང་ལ་ཕྱི་སྒྲོམ་ནག་པོ་ཡིན། ནང་ངོས་ཀྱི་མདོག་ནི་ཁམ་སྐྱ་ཡིན་པ་དང་དེའི་ཁྲོད་དུ་ཛ་མདོག་འདྲེས། དཀྱིལ་གྱི་མདོག་ནི་དཀར་སྐྱ་ཡིན། མཁལ་མའི་དབྱིབས་ཅན་གྱི་ཏིད་པ་ནི་འབྲས་བུའི་དབྱིབས་ཡིན་ལ། རྒྱབ་ཕྱོགས་ཀྱི་ནང་ངོས་སུ་བསྒྲིངས་པའི་ར་ཞིག་ཡོད་པ་དང་། ཕྱི་ངོས་ནག་པོ་ཡིན། ནང་འགྲམ་གྱི་ཁ་དོག་སྐྱ་བོ་ཡིན་པ་དང་། ནང་ངོས་ཀྱི་ཁ་དོག་སྨུག་པོ་ཡིན་ལ། དཀྱིལ་གྱི་མདོག་དཀར་སྐྱ་ཡིན། ཁྲིའུ་དབྱིབས་ཀྱི་རིས་ཟུར་གསུམ་དབྱིབས་ཡིན་ལ་ཕྱི་སྒྲོམ་ནག་པོ་ཡིན། ནང་གཤོགས་ཀྱི་མདོག་ནི་སྐྱ་བོ་ཡིན་པ་དང་ནང་ཁུལ་ཁམ་མདོག་ཡིན། མདུན་སྣེའི་གནས་ཀྱི་གཞི་ས་ནས་ཕྱིའི་འཕྲེད་ཐིག་གི་མདོག་ནི་སྐྱ་བོ་ཡིན། གཞུང་ཐིག་དང་ཕྱིའི་མཐའ་ཐིག་ཁུལ་གྱི་མདོག་ནི་སྔོ་ནག་ཡིན། ཕལ་བའི་མཐའ་ཐིག་ཁུལ་གྱི་མདོག་ནི་སྨུག་སྐྱ་ཡིན། རྨང་གཞུང་གི་ཐིག་དང་བཅས་པའི་འཕྲེད་ཐིག་ས་ཁུལ་དུ་ཁྲ་ཐིག་ནག་པོ་ཞིག་ཡོད། གདུབ་དབྱིབས་རི་མོའི་ནང་གཤོགས་དང་ནང་གི་འཕྲེད་ཐིག་ནི་ཟུར་གསུམ་དབྱིབས་ཀྱི་ནག་པོའི་ཁྲ་ཐིག་ཡིན་ལ། དེ་དང་མཁལ་མའི་དབྱིབས་ཀྱི་གཉེར་མའི་བར་དུ་ཁྲ་ཐིག་ནག་པོ་ཞིག་ཡོད། ནང་གི་འཕྲེད་ཐིག་དང་ཕྱིའི་འཕྲེད་ཐིག་བར་དུ་ལྟེབ་པའི་རྩ་ནི་ཁྲ་ཐིག་ནག་པོ་ཞིག་ཡིན། མཇུག་གཤོག་གི་མདོག་ནི་ཁམ་སྐྱ་ཡིན་པ་དང་དེའི་ནང་དུ་སྐྱ་བོ་འདྲེས་ཡོད། མདུན་སྣེ་དང་ཕྱི་མཐའ་ཡི་ཁུལ་གྱི་མདོག་སྨུག་པོ་ཅུང་སྟུག་པོ་ཡིན། ཟླ་གསར་གྱི་རི་མོའི་སྟེང་ན་ཁྲིའུ་དབྱིབས་ཀྱི་སྨུག་སྤྲིན་རབ་རིབ་ཡོད།

སྐྱེ་ཁམས་གོམས་གཤིས། མཚོ་སྔོན་གྱི་ཁུལ་ཁྱབ་ཏུ་ལོ་མ་ཆེ་བའི་མཉམ་བསྲེས་ནགས་རའི་ནང་དུ་འཚོ་བཞིན་ཡོད།

ས་ཁམས་ཁྱབ་ཚུལ། ཀྲུང་གོའི་མཚོ་སྔོན་དང་བོད་ལྗོངས་དང་བལ་པོ།

37. 金凤蝶　*Papilio machaon*（Linnaeus，1758）

识别特征：翅展 90—120 毫米。体黑色或黑褐色，胸背有 2 条八字形黑带。翅黑褐色至黑色，斑纹黄色或黄白色。前翅外缘具黑色宽带，宽带内散生有 8 个黄色椭圆斑，前翅基部黑色，基部 1/3 为黄色，中室端半部有 2 个黑横斑；中后区有 1 纵列斑，从近前缘开始向后缘排列，除第 3 斑及最后 1 斑外，大致是逐斑递增大；外缘区有 1 列小斑。后翅基半部被脉纹分隔的各斑占据，亚外缘区有不十分明显的蓝斑，亚臀角有红色圆斑，外缘区有月牙形斑；外缘波状，尾突长短不一。后翅外缘黑色宽带嵌有 6 个黄色新月斑，其内方另有略呈新月形的蓝斑，臀角有 1 个赭黄色斑。翅反面基本被黄色斑占据，色较浅，但蓝色斑比正面清楚。

幼虫幼龄时黑色，有白斑，形似鸟粪。老熟幼虫体长约 50 毫米，长圆桶形，但后胸及第 1 腹节略粗。体表光滑无毛，淡黄绿色，各节中部有宽阔的黑色带 1 条。后胸节及第 1—8 腹节上的黑条纹有间距略等的橙红色圆点 6 个，色泽鲜艳醒目。可以用丫腺分泌难闻的气味来保护自己。

生态习性：金凤蝶属完全变态昆虫，完成一个世代需经过卵、幼虫、蛹和成虫 4 个阶段。喜欢生活在草木繁茂、鲜花怒放、五彩缤纷的阳光下，上下飞舞盘旋，以采食花蜜为生。交配后的雌蝴蝶，喜欢在植物的茎叶、果面或树皮缝隙等处产卵。卵在适宜的温湿度环境中即可孵化成幼虫。幼虫大多以伞形花科植物如茴香和芸香科植物如花椒等的叶片、茎秆、花果为食。幼虫发育到 5—6 龄老化后，吐丝作网或作茧化蛹。

分布范围：中国黑龙江、吉林、河北、河南、山东、新疆、陕西、甘肃、云南、西藏、浙江、福建、江西、广西、广东、台湾及欧洲、北非、北美地区。

37. སྣག་ཕྱེ་གསེར་ལྡན་མ། *Papilio machaon*（Linnaeus，1758）

དབྱེ་འབྱེད་ཁྱད་ཆོས། གཤོག་པའི་རིང་ཚད་ནི་ཧའོ་སྨི90—120ཡིན། ལུས་ཀྱི་མདོག་ནི་ནག་པོ་འཐམ་སྨུག་ནག་ཡིན། བྲང་གི་རྒྱབ་ལ་ནག་ཐིག2ཡོད། གཤོག་པ་ནི་སྨུག་པོ་ནས་ནག་པོ་ཡིན་ལ། ཐིག་རིས་སེར་པོ་འཐམ་དཀར་པོ་ཡིན། མདུན་གཤོག་གི་ཕྱི་སྣེ་རུ་མདོག་ནག་པོའི་དྲ་ཆེན་དང་། དྲ་ཆེན་ནང་དུ་སྒོར་དབྱིབས་སེར་པོ་ཅན8ཡོད། མདུན་གཤོག་གི་གཞི་ནི་ནག་པོ་ཡིན། གཞི་རྨང་གི1/3སེར་པོ་ཡིན། དཀྱིལ་སྣེའི་ཕྱེད་ཀ་རུ་ནག་ཐིག2ཡོད། བར་གྱི་རྒྱབ་ཁུལ་དུ་གཞུང་ཐིག1ཡོད་པ་དང་། ཉེ་སའི་མདུན་སྣེ་ནས་མཇུག་གི་ཕྱོགས་སུ་བསྒྲིགས་ཡོད། ཁྲ་ཐིག3པ་དང་ཆེས་མཇུག་གི་ཁྲ་ཐིག་གཅིག་ལས་གཞན་ཕལ་ཆེར་རིམ་བཞིན་རིམ་སྒོར་གྱི་ཁྲ་ཐིག་ཆེ་བ་རེད། ཕྱིའི་མཐའ་ཁུལ་དུ་ཁྲ་ཐིག་ཆུང་ཆུང1ཡོད། གཤོག་སྒྲོའི་རྒྱབ་ཀྱི་ཕྱེད་གནས་ནི་རྩ་རིས་སོ་སོར་

དཀར་ཡོད་པའི་ཁྲ་ཐིག་གིས་བཟུང་བ་དང་། ཕྱིའི་མཐའ་ཁུལ་ཕལ་བར་མངོན་གསལ་མིན་པའི་ཁྲ་ཐིག་ཅིག་ཡོད་ལ། འཕོངས་ཟུར་འབྲིང་ལ་དམར་པོ་དང་མཐའ་ཁུལ་དུ་ནླ་བའི་དབྱིབས་ཀྱི་ཁྲ་ཐིག་ཅིག་ཡོད། ཕྱི་མཐའི་ནླབས་དབྱིབས་དང་མཚུག་འབུར་རིང་ཐུང་མི་འདྲ། གཤོག་པའི་ཕྱིའི་མཐའ་ནག་གི་དྲ་ཆེན་ལ་ནླ་གསར་བའི་ཁྲ་ཐིག་སེར་པོ6ཡོད་ལ། དེའི་ནང་གི་ངོས་ལ་ནླ་བའི་དབྱིབས་ཀྱི་ཁ་དོག་སྔོན་པོ་དང་སྨུག་ཅོ་ཅན་གྱི་ཁྲ་ཐིག་ཡོད། གཤོག་པའི་ངོས་ནི་ཕལ་ཆེར་མདོག་སེར་ཐིག་གིས་བཟུང་ཡོད། ཁ་དོག་ཙུང་སྲབ་མོད། འོན་ཀྱང་ཁ་དོག་སྔོན་པོ་ནི་མདུན་ཕྱོགས་ལས་གསལ། འབུ་ཕྲུག་ཆུང་དུས་ནག་པོ་དང་ཁྲ་ཐིག་ཡོད་པ་དང་། དབྱིབས་བྱ་བྲུན་དང་འདྲ། ན་སོན་པའི་འབུ་ཕྲུག་གི་གཟུགས་རིང་ཐུང་ནི་ཧ་འོ་སྨི50ཙམ་ཡིན་ཞིང་། ལུས་པོ་རིང་ལ་སྒོར་དབྱིབས་ཀྱི་ཟླ་དབྱིབས་ཡིན་མོད། འོན་ཀྱང་བྲང་ཕྱི་དང་གསུམ་ཚིགས1ནི་ཙུང་སྦོམ་པའི་ཚུལ་ཡིན། ལུས་ངོས་འཇམ་ལ་སྤུ་མེད་པ་དང་། མདོག་ནི་ལྗང་སེར་ཡིན་ལ། ཚིགས་སོ་སོའི་དཀྱིལ་ལ་རྒྱ་ཆེ་བའི་ནག་པོ1ཡོད། རྗེས་སུ་བྲང་ཚིགས་དང་གསུམ་ཚིགས1—8བར་གྱི་ནག་རིས་ལ་བར་ཐག་ཙུང་ཆེ་བའི་ཚ་ལུ་མའི་དམར་པོའི་སྒོར་ཐིག6ཡོད་ཅིང་། རྐང་བའི་དྲི་ངན་ལས་རང་གིས་རང་ལ་སྲུང་སྐྱོབ་བྱེད་ཐུབ།

སྐྱེ་ཁམས་གོམས་གཤིས། དེ་ནི་དབྱིབས་འགྱུར་འབུ་སྲིན་གྱི་ཁོངས་སུ་གཏོགས་ཤིང་། འབུ་རབས་ཤིག་འགྲུབ་དགོས་ན་སྒོ་ང་དང་འབུ་ཕྲུག འབུ་གཟུགས། འབུ་དར་མ་བཅས་དུས་རིམ4བརྒྱུད་དགོས། མེ་ཏོག་ཁྲ་ཆིལ་ལེར་བཤད་ཅིང་ཁ་དོག་རྣམ་པར་བཀྲ་བའི་ཉེ་འོད་འོག་ཏུ་འཚོ་བ་རོལ་བར་དགའ་ཞིང་། ཡར་འཕུར་མར་འཕུར་གྱིས་སྦྲང་རྩི་བཟོས་ནས་འཚོ་བ་རོལ་བཞིན་ཡོད། ཉེབ་སྦྱོར་བྱས་རྗེས་ཀྱི་ཕྱི་མ་ལེབ་མོ་ནི་རྩི་ཤིང་གི་སྡོང་པོ་དང་ལོ་མ། འབྲས་བུའི་ངོས་སམ་ཤིང་ཕྲགས་ཀྱི་བར་གསེང་སོགས་སུ་སྒོ་ང་གཏོང་བར་དགའ། སྒོ་ང་ནི་འོས་འཚམ་གྱི་དྲོད་ཚད་དང་བརླན་པའི་ཁོར་ཡུག་ཁྲོད་འབུ་ཕྲུག་ཏུ་འགྱུར་ཐུབ། འབུ་ཕྲུག་མང་ཆེ་བ་གདུགས་དབྱིབས་མེ་ཏོག་ཚན་གྱི་རྩི་ཤིང་དཔེར་ན་གོ་སྙོད་དང་སྲོས་དཀར་ཚན་གྱི་རྩི་ཤིང་དཔེར་ན་གཡེར་མའི་ལོ་མ་དང་སྡོང་པོ། མེ་ཏོག་གི་འབྲས་བུ་སོགས་ཟ་བཞིན་ཡོད། འབུ་ཕྲུག་ནར་སོན་ནས་ལོ5—6ལ་སླེབས་རྗེས། དར་སྐུད་སྐྱུགས་ནས་དྲ་བར་བྱེད་པའམ་ཤ་ཕྲགས་ཅན་གྱི་འབུ་ཐུམ་བྱེད།

ས་ཁམས་ཁྱབ་ཚུལ། ཀྲུང་གོའི་ཧེ་ལུང་ཅང་དང་ཅི་ལིན། ཧོ་པེ། ཧོ་ནན། ཧྲན་ཏུང་། ཞིན་ཅང་། ཧྲའན་ཞི། ཀན་སུའུ། ཡུན་ནན། བོད་ལྗོངས། ཀྲེ་ཅང་། ཧྥུའུ་ཅན། ཅང་ཞི། ཀོང་ཞི། ཀོང་ཏུང་། ཐའེ་ཝན་བཅས་དང་ཡོ་རོབ་དང་ཨ་ཧྥི་རི་ཁ་བྱང་མ། ཨ་མེ་རི་ཁ་བྱང་མའི་ས་ཁུལ།

38. 君主绢蝶 *Parnassius imperator*（Oberthür，1883）

识别特征：翅展 60—80 毫米。体黑色。翅白色泛绿或淡黄白色，雌蝶色深。翅脉黄褐色。前翅正面外缘黑褐色具较宽的半透明带，亚外缘有 1 条半透明褐色锯齿状带，翅中部有 1 条“S”形的黑色横带；前翅中室中部及端部、中室外各有 1 条黑色短横带；翅基散生黑鳞；后翅前缘基部、前缘中部及翅中部各有 1 枚白心镶有黑边的较大红斑，后翅基部及臀缘区黑色，其外方另有 1 条黑色条纹；亚外缘有 1 条弯曲的褐色带；亚外缘近臀角处有 2 枚镶黑边的大蓝斑；外缘带灰色半透明。翅反面与正面相似，色淡，基部有 3—4 枚镶有黑边的红斑。成虫出现在 6—7 月。

生态习性：君主绢蝶为中国特有种。成虫出现在6—7月，多活动在海拔2000米及以上高山地带和山地草甸上。雌蝶交配后腹下产生褐色方块形衍生物。幼虫以罂粟科植物紫堇属植物为食。

分布范围：中国青海、甘肃、四川、云南、西藏。

38. རྒྱལ་པོའི་དར་བཟོས་སྣུག་ཕྱེ། *Parnassius imperator*（Oberthür，1883）

དབྱེ་འབྱེད་ཁྱད་ཆོས། གཤོག་པ་བརྐྱངས་ན་རིང་ཚད་ནི་ཧའོ་སྨི60—80ཡོད། ལུས་ནག་པོ་ཡིན་པ་དང་གཤོག་པའི་མདོག་དཀར་པོའམ་ཡང་ན་སེར་དཀར་ཡིན། གཤོག་རྩ་ཁམ་སེར་ཡིན། གཤོག་པའི་མདུན་ཕྱོགས་ཀྱི་ཕྱི་སྣེའི་མདོག་སྨུག་ཆས་ཅུང་ཡངས་ཤིང་དྭངས་གསལ་ཕྱེད་ཙམ་གྱི་ས་རྒྱུད་དང་། ཕྱེད་དྭངས་གསལ་ཁམ་བུའི་སོག་ལེའི་དབྱིབས་ཀྱི་ཁྱུལ་གཅིག་ཡིན། གཤོག་པའི་དབུས་ཁུལ་དུ"S"དབྱིབས་ཀྱི་འཕྲེད་རྒྱུད་ནག་པོ་གཅིག་བཅས་ཡོད། མདུན་གྱི་གཤོག་པའི་དབུས་ཁུལ་དང་དཀྱིལ་དང་ཕྱི་ཁུལ་སོ་སོར་ནག་ཐུང་འཕྲེད་ཁུལ་རེ་ཡོད། གཤོག་པའི་གཞི་རྩར་ཁྲབ་ནག་པོ་སྐྱེས་པ་དང་། གཤོག་གཞུག་མདུན་སྣེའི་གནས་དང་། མདུན་སྣེའི་དབུས་ཁུལ། གཤོག་པའི་དབུས་ཁུལ་བཅས་སུ་མདོག་དཀར་པོ་དང་མཐའ་ནག་པོ་ཅན་གྱི་དམར་ཐིག་ཆེན་པོ་གཅིག་དང་། རྒྱབ་གཤོག་གི་རྨང་གཞི་དང་འཕོངས་ཚོས་ཀྱི་མཐའ་ནག་པོ་ཡིན། གཞན་ཕྱི་ཕྱོགས་སུ་

ཐིག་ཤར་ནག་པོ་ཞིག་ཡོད། མཐའ་ཁ་ཕལ་བར་འཁྱོག་པའི་ཁམ་རྒྱུད་ཅིག་ཡོད། ཕྱིའི་མཐའ་དང་ཉེ་བའི་འཕོངས་མཐའ་གཉིས་ཀྱི་སྟེང་དུ་ཁྲ་ཐིག་སྔོན་པོ་ཆེན་པོ་ཡོད། ཕྱི་མཐའི་མདོག་སྐྱ་བོ་ཡིན། གཤོག་པའི་སྤོག་ངོས་ནི་མདུན་ཕྱོགས་དང་འདྲ་ཞིང་། མདོག་སྲབ་ལ་གཞི་ཁག་ལ་ནག་མཐའ3—4ཡོད། འབུ་དར་མ་ནི་ཟླ6—7པའི་བར་བྱུང་།

སྐྱེ་ཁམས་གོམས་གཤིས། འབུ་འདི་ནི་ཀྲུང་གོར་དམིགས་སུ་ཡོད་པ་ཞིག་ཡིན། འབུ་དར་མ་ནི་ཟླ6—7པའི་བར་བྱུང་བ་དང་། མང་ཆེ་བ་ནི་མཚོ་ངོས་ལས་མཐོ་ཚད་སྨི2000ཡན་གྱི་རི་བོ་མཐོན་པོའི་རྒྱུད་དང་རི་ཁུལ་གྱི་སྤང་ཐང་ཐོག་འགྲུལ་སྐྱོད་བྱེད་ཀྱིན་ཡོད། མོ་ལུར་གྱིས་སྡེབ་སྦྱོར་བྱས་རྗེས་གསུམ་པའི་འོག་ཏུ་སྨུག་རྫོག་དབྱིབས་ཀྱི་མཆེད་སྐྱེས་རྫས་གྲུབ་ཡོད། འབུ་ཕྲུག་ནི་རྒྱ་མེན་རིགས་ཀྱི་རྩི་ཤིང་གི་རིགས་ལ་གནོད་པ་ཡིན།

ས་ཁམས་ཁྱབ་ཚུལ། ཀྲུང་གོའི་མཚོ་སྔོན་དང་ཀན་སུའུ། སི་ཁྲོན། ཡུན་ནན། བོད་ལྗོངས།

39. 黧豆粉蝶 *Colias nebulosa*（Oberthür，1894）

识别特征：雄蝶翅展 38—44 毫米，雌蝶翅展 40—50 毫米。触角粉土红色，锤角部颜色偏黑；下唇须黑色；头部黑褐色；胸部黑色，有灰黄色的长毛；腹部黑色，有灰黄色的长毛。雄蝶翅绿黄白色，翅脉深黄绿色，基部下方密布黑褐色鳞片；前翅正面顶角和外缘具宽黑带，近后缘的淡色斑未完全包围在黑带纹内，中室端脉黑色；翅反面无黑带，亚外缘具横列橙黄色斑，并向外缘延伸。雌蝶翅上黑鳞特别浓密，前翅的缘带和亚缘带略平行，灰黑色；缘毛黄色。后翅正面黑缘带狭短，不达臀角，后翅基部 2/3 黑褐色，散布少量灰黄色鳞毛；中室端斑大，略呈圆形，黄白色；端部 1/3 黄白色。反面前翅顶角黄绿色，其余部分淡黄色：可见黑色的中室端斑和 2—3 个模糊的亚缘斑；缘毛黄色。后翅基部 2/3 暗绿色；中室端斑和翅端部 1/3 黄绿色。

生态习性：成虫于 7—8 月出现，一般生活在海拔 3000 米及以上的高寒灌丛草甸。幼虫以豆科植物为食。

分布范围：中国青海、甘肃。

ཁབ་གཤོག་སྡེ་ཚན། Lepidoptera
ཕྱེ་འགོས་ཕྱེ་ལེབ་ཚན་པ། Pieridae

39. རྒྱ་སྨན་ཕྱེ་འགོས་ཕྱེ་ལེབ། *Colias nebulosa*（Oberthür，1894）

དབྱེ་འབྱེད་ཁྱད་ཆོས། ཕྱེ་ལེབ་ཕོ་ཡི་གཤོག་པ་བརྐྱངས་ན་ཏའོ་སྨི38—44དང་། མོ་ཡི་གཤོག་པ་བརྐྱངས་ན་ཏའོ་སྨི40—50ཡིན། རིག་རྣ་དམར་སྐྱ་ཡིན་པ་དང་། ཐོ་རའི་ཁ་དོག་ཅུང་ནག་པོ་ཡིན། མ་མཆུ་ནག་པོ་ཡིན་ལ་མགོའི་ཁ་དོག་ནག་པོ་ཡིན། བྲང་གི་མདོག་ནག་པོ་ཡིན་ལ་སྤུ་སེར་པོ་ཡོད། ལྟོ་བའི་མདོག་ནག་པོ་ཡིན་ལ་སྤུ་རིང་སེར་པོ་ཡོད། ཕོ་ཡི་གཤོག་པའི་ཁ་དོག་སེར་སྐྱ་ཡིན་པ་དང་། གཤོག་རྩ་ལྗང་སེར་ཡིན། གཞི་རྨང་གི་འོག་གཤམ་དུ་ཁམ་ནག་གི་ཁྲབ་ཡོད་པ་དང་གཤོག་པའི་མདུན་ཕྱོགས་ཀྱི་རྩེ་ཟུར་དང་ཕྱིའི་མཐའ་རུ་ཞེང་ཆེ་བའི་ནག་རྒྱུད་ལྡན་ལ། ཉེ་བའི་རྒྱབ་ཕྱོགས་ཀྱི་སྐྱ་མདོག་ཁྲ་ཐིག་ནག་པོའི་ནང་དུ་ཡོངས་སུ་བསྐོར་མེད་པ་དང་། དཀྱིལ་སྒེ་ནག་པོ་ཡིན། གཤོག་པའི་ཞོལ་ཕྱོགས་སུ་ནག་ཐིག་མེད། མོ་ཡི་གཤོག་པའི་སྟེང་དུ་ཁྲབ་ནག་པོ་ཏ་ཅང་མཐུག་པོ་ཡིན་ཞིང་། མདུན་གཤོག་གི་སུ་རྒྱུད་དང་མཐའ་ཡི་འཁྲིང་རྒྱུད་ཅུང་མཉམ་འགྲོ་དང་ནག་པོ་ཡིན་ལ། སྤུ་མདོག་སེར་པོ་ཡིན། གཤོག་པའི་ཕྱི་ངོས་ཀྱི་ནག་སྒེ་དོག་ཅིང་ཐུང་བས། འཕོངས་

ཟུར་ལ་ཐོན་མེད། གཤོག་པའི་རྒྱབ་ཀྱི་གཞི་རྩའི2/3ཁ་དོག་ནག་པོ་ཡིན་ལ། དེའི་སྟེང་ལ་ཁྲབ་སྲུ་སེར་པོ་ཞུང་ཙམ་ཁྱབ་ཡོད། བར་ཁང་གི་སྦེ་ཁྲ་ཆེ་ལ་སྒོར་དབྱིབས་དང་ཁ་དོག་སེར་པོ་ཡིན། སྦེ་ཁྱུལ་གྱི་ཁ་དོག་སེར་སྐྱ་ཡིན་པ་དང་། མདུན་གྱི་གཤོག་པའི་རྩེ་ཟུར་གྱི་མདོག་སེར་ལྟང་ཡིན། གཞན་པའི་ཁག་སེར་སྐྱ་ཡིན་པ་དང་། ནག་པོ་ཅན་གྱི་བར་ཁང་སྦེ་ཁྲ་དང་རབ་རིབ་ཅན་གྱི་མཐའ་ཁྲ2—3མཐོང་ཐུབ། སྲུ་མདོག་སེར་པོ་ཡིན་པ་དང་། གཤོག་པའི་རྒྱབ་ཀྱི་གཞི་གནས་ཀྱི2/3ནི་ལྗང་ཁུ་ཡིན། བར་ཁང་སྦེ་ཁྲ་དང་གཤོག་སྦེ་སེར་པོ1/3ལྗང་མདོག་ཡིན།

སྐྱེ་ཁམས་གོམས་གཤིས། འབུ་དར་མ་དེ་ཟླ7—8པའི་བར་ཐོན་པ་དང་སྤྱིར་བཏང་ས་བབ་མཐོ་ཚད་སྨི3000ཡན་གྱི་གྲང་མཐོའི་རྩྭ་ཤིང་གི་ཁྲོད་དུ་འཚོ་སྡོད་བྱེད་ཀྱིན་ཡོད། འབུ་ཕྲུག་གིས་སྨན་ཚན་གྱི་རྩྭ་ཤིང་ཟ་བཞིན་ཡོད།

ས་ཁམས་ཁྱབ་ཚུལ། ཀྲུང་གོའི་མཚོ་སྔོན་དང་ཀན་སུའུ།

40. 妹粉蝶 *Mesapia peloria*（Hewitson，1853）

识别特征：翅展 20—25 毫米，小型种类。翅圆，下唇须和胸部长满褐色粗毛。雄蝶翅正面的底色呈白色，与黑色的翅脉和翅基部的暗色斑形成鲜明对比，翅面微带黄色，前翅亚外缘区几乎全透明；后翅翅脉端部有明显的黑边。后翅反面基半部呈橘黄色，脉纹黑色较宽，有明显的黑边。雌蝶前翅正面底色带褐黄色，后翅显白色；后翅反面黄白色，脉纹黑色；沿脉纹两侧黑色加宽；其余类似雄蝶。

生态习性：妹粉蝶属于高山种类，生活于海拔 2800 米以上的高寒灌丛草甸。

分布范围：中国青海、四川、甘肃、云南、西藏。

40. ནུ་མོ་ཕྱེ་འགོས་ཕྱེ་ལེབ། *Mesapia peloria* (Hewitson， 1853)

དབྱེ་འབྱེད་ཁྱད་ཆོས། གཤོག་པ་བརྐྱངས་ན་རིང་ཚད་ནི་ཧ་འོ་སྨི20—25ཡིན་པ་དང་འབྲུ་ཆུང་གྲས་ཀྱི་རིགས་ཡིན། གཤོག་པ་སྔོར་མོ་ཞིག་ཡིན། གཤོག་པའི་མདུན་ཕྱོགས་ཀྱི་ཞབས་མདོག་ནི་དཀར་པོ་ཡིན་པ་དང་། དེ་ནི་མདོག་ནག་པོའི་གཤོག་རྩ་དང་གཤོག་རྩའི་ངོས་ཀྱི་ནག་ཐིག་དང་བསྡུར་ན་མངོན་གསལ་དོད་པོས་གྲུབ་པ་དང་། གཤོག་པའི་ངོས་རྒྱུང་སེར་པོ་ཡིན་ལ། མདུན་གཤོག་གི་ཕྱིའི་མཐའ་ཁུལ་ནི་ཕལ་ཆེར་དྭངས་གསལ་ཡིན། གཤོག་སྒྲོའི་སྟེང་དུ་མངོན་གསལ་གྱི་ནག་མཐའ་ཡོད། གཤོག་པའི་རྒྱབ་ངོས་ཀྱི་ཕྱེད་ཀ་ནི་མདོག་སེར་སྐྱ་ཡིན་ལ། རྩ་རིས་ནག་པོ་རྒྱུང་ཆེ་ཞིང་མངོན་གསལ་གྱི་ནག་མཐའ་ཡོད། མོ་ཡི་གཤོག་པའི་མདུན་གྱི་ཞབས་ལ་མདོག་སེར་པོ་ཡོད་པ་དང་། རྒྱབ་ཀྱི་གཤོག་པ་ལ་མདོག་དཀར་པོ་མངོན། གཤོག་པའི་རྒྱབ་ངོས་ཀྱི་ཁ་དོག་སེར་སྐྱ་ཡིན་པ་དང་། རྩ་རིས་ནག་པོ་ཡིན་ལ། གཞི་རིས་ཀྱི་གཞོགས་གཉིས་སུ་ནག་པོ་ཇེ་

ཡངས་སུ་ཁྱབ་ཡོད་ལ། གཞན་རྣམས་ཐོ་རིགས་དང་འདྲ་བ་རེད།

སྐྱེ་ཁམས་གོམས་གཤིས། ཕྱེ་མ་ལེབ་འདི་ནི་རི་མཐོའི་རིགས་སུ་གཏོགས་པ་དང་། མཚོ་ངོས་ལས་མཐོ་ཚད་སྨི2800ཡན་གྱི་གྲང་མཐོའི་རྩི་ཤིང་གི་ཁྲོད་དུ་འཚོ་བཞིན་ཡོད།

ས་ཁམས་ཁྱབ་ཚུལ། ཀྲུང་གོའི་མཚོ་སྔོན་དང་སི་ཁྲོན། ཀན་སུའུ། ཡུན་ནན། བོད་ལྗོངས།

41. 曲斑珠蛱蝶 *Issoria eugenia*（Eversmann，1847）

识别特征：翅展 20—30 毫米，小型蛱蝶。翅面橙红色，前翅基部和后翅基半部黑色。前翅反面顶角有 1 个紫血红色三角斑，外缘上段有珍珠白色斑冠以黑边。后翅反面底色紫红色，外缘珍珠白色斑列围有黑边，亚外缘黑斑列附有珍珠白色三角形斑，翅基半部有 5 个形状不同的珍珠白色斑，中室内 1 个白斑较小，中室端外 m_3 室基珍珠白斑呈扭曲三角形。

生态习性：曲斑珠蛱蝶属于高山种类，生活于海拔 3000 米以上的高寒灌丛草甸。

分布范围：中国青海、陕西、四川、西藏。

ཁྲབ་གཤོག་སྲིན་ཁག Lepidoptera
ཧྲེ་ཕྱེ་མ་ལེབ་ཚན་པ། Nymphalidae

41. རྒུས་པན་ཧྲེའུ་ཕྱེ་མ་ལེབ། *Issoria eugenia* (Eversmann, 1847)

དབྱེ་འབྱེད་ཁྱད་ཆོས། གཤོག་པ་བརྐྱངས་ན་རིང་ཚད་ལ་ཧྲི་སྨི20—30བར་ཡོད་པ་དང་། ཕྱེ་ལེབ་ཆུང་གྲས་ཀྱི་རིགས་ཡིན། གཤོག་པའི་ངོས་ཀྱི་མདོག་ནི་ལི་དམར་ཡིན་པ་དང་། མདུན་གྱི་གཤོག་པའི་རྩ་བ་དང་རྒྱབ་ཀྱི་གཤོག་པའི་རྨང་གཞི་ནག་པོ་ཡིན། མདུན་གཤོག་གི་རྩེ་ཟུར་དུ་ཁྲག་མདོག་སྨུག་པོའི་ཟུར་གསུམ་ཁྲ་ཐིག་གཅིག་ཡོད་པ་དང་། ཕྱི་མཐའི་སྟེང་དུ་སྨུ་ཧྲིག་དཀར་པོའི་ཁྲ་ཐིག་ཅིག་ཡོད་པས་མཐའ་ནག་པོ་འགོད་ཀྱིན་ཡོད། གཤོག་པའི་རྒྱབ་ངོས་ཀྱི་ཞབས་མདོག་སྨུག་པོར་འགྱུར་བ་དང་། མཐའ་ཡི་སྨུ་ཧྲིག་དཀར་པོ་ཐིག་ཕྲེང་ནག་མཐའ་བསྐོར་ཡོད། ཕལ་བའི་མཐའ་ཡི་ནག་ཐིག་ལ་སྨུ་ཧྲིག་དཀར་པོ་ཟུར་གསུམ་མའི་ཁྲ་ཐིག་ཅིག་ཡོད་པ་དང་། གཤོག་པའི་ཕྱེད་ཀར་དབྱིབས་མི་འདྲ་བའི་སྨུ་ཧྲིག་དཀར་ཐིག5ཡོད་ལ། དཀྱིལ་གྱི་དཀར་ཁྲ་གཅིག་ཙུང་ཙམ་ཆུང་། བར་ཁང་གི་སྣེའི་ཕྱི་ཡིm3ཇོད་ཁང་གི་མཐའ་ཡི་སྨུ་ཧྲིག་དཀར་ཁྲ་ནི་ཟུར་གསུམ་ཡིན།

སྐྱེ་ཁམས་གོམས་གཤིས། ཕྱེ་མ་ལེབ་འདི་ནི་རི་མཐོའི་རིགས་སུ་གཏོགས་པ་དང་མཚོ་ངོས་ལས་མཐོ་

ཚད་སྨི3000ཡན་གྱི་གྲང་མཐོའི་རྩྭ་ཐང་གི་ཁྲོད་དུ་འཚོ་བཞིན་ཡོད།

ས་ཁམས་ཁྱབ་ཚུལ། ཀྲུང་གོའི་མཚོ་སྔོན་དང་ཧྲའན་ཞི། སི་ཁྲོན། བོད་ལྗོངས།

42. 克理银弄蝶 *Carterocephalus christophi* （Grum – Grshimailo，1891）

识别特征：雄蝶前翅长 13—16 毫米，前翅正面黑色，斑纹白色；前翅前缘中部稍凹入，近基部有一斑；亚顶区 r_3—r_5 室斑紧密连接成一斜带，m_1—m_2 室斑上下相连，位于 r_3—r_5 室斑外侧；中室基部和端部各有一白斑，较大，其中中室基部的 1 个透明；cu_1 室斑近方形，位于中室端斑下方。前翅反面顶角处有模糊的白斑；m_3 室基部有一小圆斑；cu_2 室上半部有一小斑，与 cu_1 室斑外下角相连；其余同正面。后翅正面黑色，中域有 2 个斑构成的1块白色大斑;后翅反面弧形中斑大而明显,中室近基部有一圆斑,中域和亚外缘有由大小不等的白斑组成的斑带。前翅缘毛在顶角处为白色,其余为黑褐色;后翅缘毛白色，中半段混有黑褐色。

生态习性:生活于海拔2000米以上的林间空地。

分布范围:中国青海、西藏、四川、云南。

ཁྲབ་གཤོག་སྡེ་ཁག Lepidoptera
ཇོའུ་ཕྱེ་མ་ལེབ། Hesperiidae

42. ཁེ་ལི་དབྱིན་ཇོའུ་ཕྱེ་མ་ལེབ། *Carterocephalus christophi*
(Grum – Grshimailo，1891)

དབྱེ་འབྱེད་ཁྱད་ཆོས། ཕོ་ཡི་མདུན་གཤོག་གི་རིང་ཚད་ནི་ཧའོ་སྨི13—16དང་། མདུན་གཤོག་གི་མདུན་ནི་ནག་ཅིང་དེའི་སྟེང་ལ་ཁྲ་ཐིག་དཀར་པོ་ཞིག་ཡོད། མདུན་གཤོག་གི་མདུན་སྣེའི་དཀྱིལ་དུ་ཉུང་གཤོང་བའི་རྩ་བ་ལ་ཁྲ་ཐིག་ཅིག་ཡོད་ཅིང་། སླད་གཞོགས་ཁུལr_3—r_5ཡིན་པ་དང་། ཤག་ཁྲ་དེ་གསེག་ཁུལ་ཞིག་ཏུ་འབྲེལ་ཞིངm_1—m_2ཤག་ཁྲ་གོང་འོག་འབྲེལ་ཡོད་ལ། དེ་ནིr_3—r_5ཁང་གི་ཕྱི་གཞོགས་སུ་གནས་ཡོད། བར་གྱི་ཤག་གཞི་དང་སྣེ་ཁག་སོ་སོར་དཀར་ཁྲ་རེ་ཡོད་ལ་ཉུང་ཆེ་ཞིང་། དེའི་ནང་དུ་བར་ཁང་རྨང་གི་ཁག་གཅིག་ནི་དྭངས་གསལ་ཡིན། cu_1ཡི་ཤག་ཁྲ་ནི་གྲུ་བཞི་དང་། དེ་ནི་བར་ཁང་གི་སྣེ་ཁྲ་ཡི་གཡས་སུ་གནས་ཡོད། གཤོག་པའི་ལྟོག་ངོས་ཀྱི་རྩེ་བྱུར་དུ་རབ་རིབ་ཀྱི་ཁྲ་ཐིག་ཡོད་ཅིང་། m_3ཤག་གཞི་ལ་སྔོར་ཁྲ་ཆུང་ཆུང་

ཞིག་ཡོད། cu_2ཤག་སྟོད་ཀྱི་ཕྱེད་ཀར་ཁྲ་ཐིག་ཆུང་ཆུང་ཞིག་ཡོད་ཅིང་། cu_1ཤག་ཁྲ་ཕྱིའི་འོག་ཟུར་དང་འབྲེལ་ཡོད། དེ་བྱིངས་ཚང་མ་མདུན་ཕྱོགས་སུ་ཡོད། གཤོག་གཤུག་གི་མདུན་ཕྱོགས་ནག་པོ་ཡིན་པ་དང་། བར་ཁོངས་སུ་ཁྲ་ཐིག2ལས་གྲུབ་པའི་དཀར་ཁྲ་ཆེན་པོ་གཅིག་དང་། གཤོག་སྒྲོའི་ལྤག་ངོས་ཀྱི་གཞུ་དབྱིབས་ཁྲིད་ཀྱི་ཁྲ་ཐིག་ཆེ་ཞིང་མངོན་གསལ་ཡིན་ལ། བར་ཁང་གི་ཉེ་གནས་ལ་སྔོར་ཁྲ་ཞིག་ཡོད། བར་ཁོངས་དང་ཕྱིའི་མཐའ་ལ་ཆེ་ཆུང་མི་འདྲ་བའི་དཀར་ཁྲ་ཡིས་གྲུབ་པའི་ཁྲ་ཐིག་ཅིག་ཡོད། གཤོག་པ་མདུན་མའི་སྤུ་ཡི་རྩེ་ཟུར་ནི་དཀར་པོ་ཡིན་པ་དང་། གཤོག་པའི་མཐའ་སྤུ་དཀར་པོ་དང་། བར་གྱི་ཕྱེད་ཀར་སྨུག་ནག་འདྲེས་ཡོད།

སྐྱེ་ཁམས་གོམས་གཤིས། དེ་ནི་ས་བབ་མཐོ་ཚད་སྨི2000ཡན་གྱི་ནགས་ཁྲོད་ས་སྟོང་དུ་འཚོ་བཞིན་ཡོད།

ས་ཁམས་ཁྱབ་ཚུལ། ཀྲུང་གོའི་མཚོ་སྔོན་དང་བོད་ལྗོངས། སི་ཁྲོན། ཡུན་ནན།

43. 扁肢纹石蛾 *Hydropsyche rhomboana*（Martynov，1909）

识别特征：前翅长 11.3 毫米。头顶黑褐色。触角黄褐色，鞭节基部数节具深色斜纹。腹部背、腹板及腹部黑色。足黄褐。前翅褐色，具多数浅色小点及少数深色斑。雄虫外生殖器：第 9 节侧面观中上部略向后方倾斜，侧后突三角形。第 10 节背板基部窄，仅为第 9 节的一半；背中央隆起短，不尖；侧面观基部背缘缺口窄，“U”形。下附肢基节长，向端部渐粗，端节约为基节长度之半，基部粗，略扁。

生态习性：稚虫生活于溪流或洁净静水中，成虫活动于林间草地。

分布范围：中国青海、四川、西藏。

ཁྲུ་སྒྲོའི་སྒེ་ཁག Trichoptera
ཆུ་རིས་འབུ་མེ་ལྗེབ་ཚན་པ། Hydrpsychidae

43. སུག་ལེབ་ཇོ་རིས་འབུ་མེ་ལྗེབ། *Hydropsyche rhomboana*（Martynov，1909）

དབྱེ་འབྱེད་ཁྱད་ཆོས། མདུན་གཤོག་གི་རིང་ཚད་ནི་ཧའོ་སྨི11.3ཡིན། མགོ་ཐོག་གི་མདོག་སྨུག་སྐྱ་ཡིན་པ་དང་། རེག་རྣ་སྨུག་སེར་ཡིན་ལ། ལྷག་ཚིགས་ཀྱི་གཞི་ར། གསུམ་པའི་རྒྱབ་དང་གསུམ་པ། ལྟོ་བ་བཅས་ནག་པོ་རེད། རྐང་བ་སེར་ཁམ་ཡིན་པ་དང་། མདུན་གཤོག་གི་མདོག་ཁམ་ནག་ཡིན་པ་དང་། དེའི་ནང་དུ་མདོག་སྐྱ་བོ་ཚེག་ཆུང་དང་མདོག་སྨུག་པོའི་ཁྲ་ཐིག་ཡོད། ཕོ་མཚན་ནི་ཕྱི་རུ་སྐྱེས་ཡོད་པ་དང་། ཚིགས9པའི་གཞོགས་ངོས་ཀྱི་གོང་འོག་རྒྱབ་ཕྱོགས་སུ་ཕྱོགས་ཡོད། གཞོགས་རྒྱབ་སུ་ཟུར་གསུམ་གྱི་དབྱིབས་འབུར་ཡོད། ཚིགས་བཅུ་བའི་རྒྱབ་པང་གི་རྩ་བ་དོག་ཅིང་། ཚིགས9པའི་ཕྱེད་ཀ་ཙམ་ལས་མེད། སྐལ་དཀྱིལ་ཐུང་ཞིང་རྩེ་མོ་མེད། གཞོགས་ངོས་ཀྱི་རྨང་གི་རྒྱབ་སྣེ་ནི་ཁུང་བུ་དོག་ཅིངUདབྱིབས་ཡིན། གཉམ་གྱི་ཡན་ལག་གི་རྩ་བའི་ཚིགས་རིང་བ་དང་། སྣེ་མོ་རིམ་གྱིས་སྦོམ་པོར་གྱུར་ཡོད། སྣེ་མོ་ནི་རྩ་བའི་ཚིགས་ཀྱི་ཕྱེད་ཀ་ཡིན། གཞི་རྨང་ནི་སྦོམ་ཞིང་ལེབ་མོ་ཞིག་ཡིན།

སྐྱེ་ཁམས་གོམས་གཤིས། ཆུང་དུས་ཆུ་ཐན་དང་གཙང་ཞིང་ལྷིང་འཇགས་ཀྱི་ཆུའི་ནང་དུ་འཚོ་ཞིང་། དར་མའི་སྐབས་སུ་ནགས་ཚལ་རྩྭ་ཐང་དུ་འགྲུལ་སྐྱོད་བྱེད་བཞིན་ཡོད།

ས་ཁམས་ཁྱབ་ཚུལ། ཀྲུང་གོའི་མཚོ་སྔོན་དང་སི་ཁྲོན། བོད་ལྗོངས།

44. 三突喜马原石蛾 *Himalopsyche triloba*（Martynov，1930）

识别特征：雄虫体长 15 毫米，前翅长 21 毫米。体褐色，下颚须黄褐色，端节近基部 1/3 处后变细。前翅淡黄色，半透明，散布大小不等的黄褐色斑点；后翅淡黄色，翅端上方散布少许黄褐色斑点。第 10 节膜质，但端背叶两侧各有一个三角形骨片；端叶骨化。肛上附肢指状，基部愈合。臀板骨化，颜色深，向端部逐渐变细。

生态习性：稚虫生活于溪流或洁净静水中，成虫活动于林间草地。

分布范围：中国青海、西藏。

གྲུ་སྒྲོའི་སྔེ་ཁག Trichoptera
ཡར་རྫོའི་འབུ་མེ་ལྷེབ་ཚན་པ། Rhyacophilidae

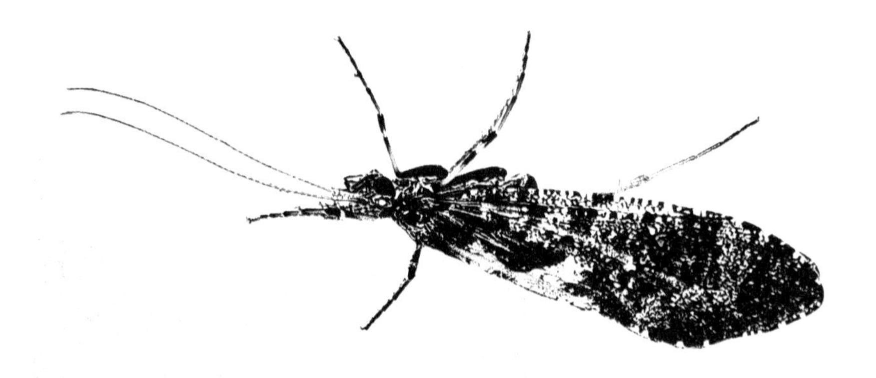

44. འབུར་གསུམ་ཧི་མ་ཡར་རྫོའི་འབུ་མེ་ལྷེབ། *Himalopsyche triloba*（Martynov, 1930）

དབྱེ་འབྱེད་ཁྱད་ཆོས། ཕོ་འབུའི་གཟུགས་ཀྱི་རིང་ཚད་ལ་ཧ་ཅོ་སྨི15དང་། མདུན་གཤོག་གི་རིང་ཚད་ལ་ཧ་ཅོ་སྨི21ཡོད། ཁ་དོག་ཁམ་མདོག་ཡིན་པ་དང་མགལ་རྐན་གྱི་ཁ་དོག་ཁམ་སེར་ཡིན། སྣེ་ཚིགས་དང་ཉེ་བའི་རྨང་ཁུལ་གྱི1/3རྗེས་སུ་ཕྲ་མོར་འགྱུར། གཤོག་པ་སྔོན་མ་སེར་སྐྱ་ཡིན་པ་དང་། རྩང་ཟད་དྭངས་གསལ་ཡིན། དེའི་སྟེང་ལ་ཆེ་ཆུང་མི་འདྲ་བའི་ཁྲ་ཐིག་མང་པོ་འཛོམས་ཤིང་། མདུག་གཤོག་སེར་པོ་ཡིན་པ་དང་། གཤོག་པའི་སྟེང་དུ་སེར་སྨུག་གི་ཁྲ་ཐིག་ཅིག་ཡོད། ཚིགས10པ་སྐྱི་པགས་ཡིན་མོད། འོན་ཀྱང་སྣེ་ཡི་རྒྱབ་འདབ་ཀྱི་གཞོགས་གཉིས་སུ་ཟུར་གསུམ་དབྱིབས་ཀྱི་རུས་ལེབ་རེ་ཡོད་ཅིང་། སྣེ་འདབ་རུས་པར་གྱུར་ཡོད། བཤང་ལམ་སྟེང་གི་ཡན་ལག་མཛུབ་དབྱིབས་སུ་སྣང་ལ་རྩ་བ་སྲོས་ཡོད། འཕོངས་པང་རུས་པར་གྱུར་ཡོད་ལ། ཁ་དོག་སྨུག་པོ་ཡིན་པ་དང་སྣེ་མོ་རིམ་གྱིས་ཕྲ་རུ་གྱུར་ཡོད།

སྐྱེ་ཁམས་གོམས་གཤིས། ཆུང་དུས་ཆུ་ཕྲན་དང་གཙང་ཞིང་ལྷིང་འཇགས་ཀྱི་ཆུའི་ནང་དུ་འཚོ་ཞིང་། དར་མའི་སྐབས་སུ་ནགས་ཚལ་དང་རྩྭ་ཐང་དུ་འགྲུལ་སྐྱོད་བྱེད་བཞིན་ཡོད།

ས་ཁམས་ཁྱབ་ཚུལ། ཀྲུང་གོའི་མཚོ་སྔོན་དང་བོད་ལྗོངས།

毛翅目 Trichoptera
沼石蛾科 Limnephilidae

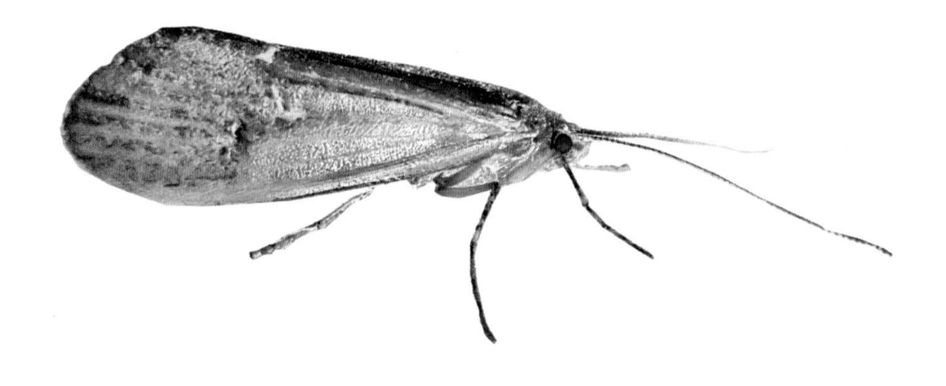

45. 条纹伪突沼石蛾 *Pseudostenophylax striatus* Forsslund，1935

识别特征：体黑褐色，前翅长 16—18 毫米。雄虫外生殖器：第 8 腹节背板毛区背面观长宽约相等，端缘平直。第 9 腹节侧面观前缘波状，最宽处位于近中部。上附肢侧面观基部较宽大，向端部渐变狭。各中附肢分裂成内、外两个突起，内突较长，垂直伸向背方，外突短而尖，侧面观与内突形成一很小的夹角。下附肢腹面观宽矩形，端缘凹弧形向内侧倾斜，近外角 1/3 处具一小三角形突起，外侧缘长为内侧缘 2 倍左右，约为基部宽相等。阳茎基短柱状。基茎长约为端茎的 2/3，背方分叉成两小叶；端茎背面观长矩形，长约为宽的 3 倍左右。阳基侧突骨化部分细长，外缘具细刺，端具粗毛。

生态习性：稚虫生活于溪流或洁净静水中，成虫活动于林间草地。

分布范围：中国青海、甘肃、西藏。

སྤུ་སྒྲོའི་སྡེ་ཁག Trichoptera
ན་རྫིའི་འབུ་མེ་ལྷེབ་ཚན་པ། Limnephilidae

45. ཐིག་ཤར་ཅན་གྱི་ན་རྫིའི་མེ་ལྷེབ། *Pseudostenophylax striatus* Forsslund, 1935

དབྱེ་འབྱེད་ཁྱད་ཆོས། ལུས་པོའི་མདོག་ཁམ་སྨུག་ཡིན་པ་དང་། མདུན་གཤོག་གི་རིང་ཚད་ནི་ཧའོ་སྨི16—18ཡིན། ཕོ་མཚན་ཕྱི་ཏ་སྐྱེས་ཤིང་། གསུས་ཚིགས8པའི་རྒྱབ་ཀྱི་སྤུ་ཁྱུལ་གྱི་རྒྱབ་ངོས་ཀྱི་རིང་ཚད་དང་ཞེང་ཚད་འདྲ་མཚུངས་ཡིན་པ་དང་སྣེ་དྲང་སྒོམས་ཡིན། གསུས་ཚིགས9བའི་གཞོགས་ངོས་ནས་མདུན་སྣེའི་ལྟབས་དབྱིབས་ཀྱི་ཞེང་ཆེ་ཤོས་ནི་དབུས་ཁུལ་དང་ཐག་ཉེ། གོང་གི་ཟུར་གདོང་གི་གཞོགས་ངོས་རུང་ཡངས་ཤིང་། སྣེ་མོ་རིམ་བཞིན་གུ་དོག་པོར་འགྱུར། བར་གྱི་ཟུར་སྐྱེས་ཡན་ལག་རྣམས་ནང་དང་ཕྱི་གཉིས་སུ་ཁ་གྱེས་ནས་འབུར་ཡོད་ཅིང་། ནང་འབུར་རུང་རིང་བ་དང་། དྲང་འཕྱང་གིས་རྒྱབ་ཕྱོགས་སུ་བརྐྱངས་ཡོད་ལ། ཕྱི་འབུར་ཐུང་ཞིང་རྩེ་ཡོད། གཞོགས་ངོས་ཀྱི་ལྟ་བ་དང་ནང་འབུར་གཉིས་བར་ལ་བཙེར་ཟུར་ཆུང་ཆུང་ཞིག་གྲུབ་ཡོད། གཤམ་གྱི་ཡན་ལག་ནི་གསུམ་ངོས་ཞེང་ལ་བལྟས་ནས་གྲུ་བཞི་ནར་མོའི་དབྱིབས་སུ་གནས་ཤིང་། སྣེ་མཐའི་གཞུ་དབྱིབས་དེ་ནང་གཞོགས་སུ་གསེག་ཡོད་པ་དང་། ཉེ་ཟུར་གྱི1/3ཟུར་གསུམ་དབྱིབས་ཆུང་ཆུང་འབུར་ཡོད་ལ། ཕྱི་གཞོགས་ཀྱི་མཐའ་ནི་ནང་གཞོགས་ཀྱི་ལྡབ2ཡས་མས་ཡིན་ཞིང་། ཕལ་ཆེར་རྨང་ཁག་གི་ཞེང་ཚད་འདྲ་མཚུངས་ཡིན། ཕོ་མཚན་ཐུང་ཞིང་ཀ་དབྱིབས་སུ་གྲུབ། དེ་ཡིས་ཧ་ལམ2/3ཟིན་ཡོད་པ་དང་། རྒྱབ་ངོས་ལ་འདབ་ཆུང་གཉིས་སུ་གྱེས་ཡོད། སྣེ་སྟོང་རྒྱབ་ངོས་སུ་གྲུ་བཞི་ནར་མོའི་དབྱིབས་ཡིན་ལ་དེ་ནི་རིང་ཞིང་ཞེང་གི་ལྡབ3ཡས་མས་ཡིན། ཕོ་མཚན་གྱི་རྨང་གི་ཏུས་འབུར་རུང་རིང་བ་དང་མཐའ་གཤམ་དུ་ཚེར་མ་ཡོད་ལ་ཕྱི་སྣེ་ཏ་སྤུ་རྩུབ་ཅིག་སྐྱེས་ཡོད།

སྐྱེ་ཁམས་གོམས་གཤིས། ཆུང་དུས་ཆུ་ཐྲན་དང་གཙང་ཞིང་ལྡིང་འཛགས་ཀྱི་ཆུའི་ནང་དུ་འཚོ་ཞིང་། དར་མའི་སྐབས་སུ་ནགས་ཚལ་དང་རྩྭ་ཐང་དུ་འགྲུལ་སྐྱོད་བྱེད་བཞིན་ཡོད།

ས་ཁམས་ཁྱབ་ཚུལ། ཀྲུང་གོའི་མཚོ་སྔོན་དང་ཀན་སུའུ། བོད་ལྗོངས།

46. 高长足寄蝇 *Dexia alticola*（Zhang *et* Shima，2010）

识别特征：体长 7.0—9.3 毫米。头的侧额和侧颜有淡灰白色粉被；间额淡棕黑色；新月片棕色；颊淡红棕色；侧颜裸，大约为触角第一鞭节宽的 2.5 倍；颊宽是眼高的 0.43—0.46 倍；内顶鬃长为眼高的 0.28—0.31 倍，短于单眼鬃；触角第一鞭节长为梗节长的 3 倍；触角芒包括羽的宽大约是触角第一鞭节宽的 3 倍。下颚须与前颏等长，长于触角第一鞭节。胸底色黑色，具淡黄灰色粉被，背部有 4 条棕黑色的纵向条纹；小盾片端部淡红黄色；侧板有淡灰色粉被；前胸前侧片裸。翅淡棕色，翅间鳞通常淡红黄色或棕色；前缘基鳞黑色；前缘刺稍长于 r—m 横脉；平衡棒淡红黄色；

腋瓣淡黄色。足股节由黄色到淡红棕色，胫节淡红黄色，中足和后足胫节端部变暗；中足胫节有 2 根后背鬃；后足胫节基部稍微扁平，有 3—5 根前背鬃，2 根后背鬃和 2 根腹鬃。腹部长卵形，半透明黄色，有一宽的黑色的位于中央的纵向的条纹，第 1+2 合背板后缘、第 3 背板、第 4 背板的后 1/5—1/3，第 5 背板的后 1/2 为暗棕色；第 5 背板有 1 列心鬃和缘鬃。

生态习性：生活于海拔 2500 米以上的林间草地和灌丛草甸中。

分布范围：中国青海、甘肃、四川、云南、西藏。

46. སྦྲང་ནག་སྲུག་རིང་། *Dexia alticola*（Zhang *et* Shima，2010）

དབྱེ་འབྱེད་ཁྱད་ཆོས། གཟུགས་ཀྱི་རིང་ཚད་ནི་ཧ་ཁོ་སྨི7.0—9.3ཡིན། མགོའི་གཞོགས་གཅིག་དང་ཐོད་པའི་གཞོགས་གཅིག་གི་མདོག་དཀར་སྐྱ་ཡིན་པ་དང་། ཐོད་པའི་བར་གྱི་མདོག་སྨུག་པོ་ཡིན། ཟླ་གསར་གྱི་ཁུལ་ཱ་མདོག་ཡིན་པ་དང་མཁུར་ཚོས་སྨུག་སྐྱ་ཡིན། གདོང་ངོས་ཀྱི་རྫེན་པར་མཚོན་ན་ཕལ་ཆེར་རྣ་ཡི་ལྷུག་ཚོགས་དང་པོའི་ཞེང་ཚད་ཀྱི་ལྡབ2.5ཡིན། འགྲམ་ཞེང་ནི་མིག་གི་མཐོ་ཚད་ཀྱི་ལྡབ0.43—0.46ཡིན། ནང་ངོས་ཀྱི་རྫོག་མ་ནི་མིག་གི་མཐོ་ཚད་ཀྱི་ལྡབ0.28—0.31ཡིན་པ་དང་། མིག་གཅིག་ཅན་གྱི་རྫོག་མ་ལས་ཐུང་། རེག་རྣ་ཡི་ལྷུག་ཚོགས་དང་པོའི་རིང་ཚད་ནི་གཞུང་ཤང་གི་རིང་ཚད་ཀྱི་ལྡབ3ཡིན། རེག་རྣའི་སྒྲོ་ཡི་ཞེང་ཚད་ནི་ཕལ་ཆེར་རྣ་ཡི་ལྷུག་ཚོགས་དང་པོའི་ཞེང་ཚད་ཀྱི་ལྡབ3ཡིན། མ་ནེ་ཡི་སྨ་ར་ནི་གོང་གི་ཀོས་ཀོ་ལས་རིང་ཞིང་རེག་རྣ་ནི་ལྷུག་ཚོགས་དང་པོ་ཡིན། བྲང་འོག་གི་ཁ་དོག་ནག་པོ་ཡིན་པ་དང་། དེའི་སྟེང་དུ

མདོག་སྐྱ་བོའི་ཕྱི་མ་འགོས་ཡོད། རྒྱབ་ཏུ་ཁ་དོག་ནག་པོ་ཅན་གྱི་གཞུང་ཕྱོགས་ཀྱི་ཐིག་ཤར་བཞི་ཡོད། ཕུབ་ཆུང་གི་སྣེ་དམར་སྐྱ་ཡིན་པ་དང་། གཞོགས་ཀྱི་པང་ལེབ་ལ་མདོག་སྐྱ་བོ་ཅན་གྱི་ཕྱི་མ་ཡོད། བྲང་མདུན་གྱི་བྲང་ཁའི་ཟུར་གཅེར་བུར་མངོན། གཤོག་པའི་མདོག་ནི་སྨུག་སྐྱ་ཡིན་པ་དང་། གཤོག་པའི་བར་གྱི་ཁྲབ་མདོག་སེར་པོའམ་ཐྭ་མདོག་ཡིན་ལ། མདུན་སྣེའི་རྨང་ཁྲབ་ནག་པོ་ཡིན། མདུན་སྣེའི་ཚེར་མ་ནི་r—m འཕྲེད་རྒྱ་ལས་ཆུང་ཟད་རིང་བ་དང་། དོ་སྣོམས་དབྱུག་པ་ནི་དམར་སྐྱ་ཡིན། མཆན་འདབ་སེར་པོ་ཡིན་པ་དང་། རྐང་ཚིགས་ཀྱི་མདོག་སེར་པོ་ནས་སྨུག་སྐྱ་ཡིན། རྐང་ངར་གྱི་ཚིགས་ནི་མདོག་སྨུག་པོ་ཡིན། རྐང་པ་བར་མ་དང་རྐང་ངར་གྱི་ཚིགས་ཀྱི་སྣེ་ནག་པོར་འགྱུར། རྐང་བའི་རྐང་ངར་གྱི་ཚིགས་ལ་སྣལ་བའི་ཛོག་མ་གཉིས་ཡོད། སུག་པ་ཕྱི་མའི་རྩ་བ་ཆུང་ལེབ་ལེབ་ཡིན་ལ། མདུན་རྒྱབ་ལ་ཛོག་མ3—5ཡོད་པ་དང་། རྒྱབ་ཀྱི་ཛོག་མ2དང་གསུམ་པའི་ཛོག་མ2ཡོད། གསུམ་པ་ནི་སྒོང་དབྱིབས་རིང་བ་ཡིན་པ་དང་ཕྱེད་དྭངས་གསལ་ཡིན་ཞིང་མདོག་སེར་པོ་ཡིན། ཞིང་ལ་དཀྱིལ་གྱི་གཞུང་ཕྱོགས་ཀྱི་ཐིག་ཤར་ཡོད་ཅིང་། རིམ་པ1+2རྒྱབ་པང་གི་རྒྱབ་མཐའ་དང་། རིམ་པ3པའི་རྒྱབ་པང་། རིམ་པ4པའི་རྒྱབ་པང་གི་རྗེས་མ1/5—1/3ཟིན་པ་དང་། རིམ་པ5པའི་རྒྱབ་པང་གི་རྗེས་མའི1/2ནི་ནག་ཁམ་ཡིན། ལྔ་པའི་རྒྱབ་པང་ལ་སྙིང་གི་ཛོག་མ་དང་མཐའ་ཟེ་ཡོད།

སྐྱེ་ཁམས་གོམས་གཤིས། དེ་ནི་མཚོ་ངོས་ལས་མཐོ་ཚད་སྨི2500ཡན་གྱི་ནགས་གསེབ་ཀྱི་རྩྭ་ཐང་དང་། ལྗོན་པའི་གསེབ་ཀྱི་སྤང་ཐོག་ཏུ་འཚོ་བཞིན་ཡོད།

ས་ཁམས་ཁྱབ་ཚུལ། ཀྲུང་གོའི་མཚོ་སྔོན་དང་ཀན་སུའུ། སི་ཁྲོན། ཡུན་ནན། བོད་ལྗོངས།

47. 淡痣低突叶蜂 *Tenthredo nimbata*（Konow，1906）

识别特征：雌虫体长 10—11 毫米。体背侧大部黑色，侧面和腹侧大部绿色，触角窝上突、前胸背板大部、翅基片、小盾片前坡、附片、后小盾片前部、后胸后背板中部、各节背板后缘狭边绿色，中胸前侧片中部纵条斑、侧板缝黑色，锯鞘端褐色；足绿色，转节和股节后侧具黑色条斑，后足基节腹侧具细长黑色条斑。翅近透明，前缘脉和翅痣浅褐色。头胸部背侧细毛大部分暗褐色，触角窝上突和侧板细毛银色。头部背侧具细密刻纹，刻点不明显，后眶上部具细密小刻点；中胸背板前叶和侧叶刻纹致密，小盾片前坡刻纹细弱，杂以细小稀疏刻点，附片具细密刻纹；中胸前侧片刻纹细弱，具油质光泽，后侧片和后胸侧板刻纹微弱；腹部背板刻纹细密。唇基前缘缺口宽浅弧形；颚眼距等长于单眼直径；触角窝上突明显隆起，向后分歧，后端陡峭，突然中断；单眼后区稍隆起，与单眼等高，宽1.3倍于长，侧沟较浅，明显弯曲，向后显著分歧。背面观头部在复眼后明显加宽，稍短于复眼。触角长1.5倍于头宽。中胸背板各沟浅平几乎消失，小盾片微弱隆起，无脊和顶点，附片具低弱中纵脊。中胸前侧片中部不明显隆起，无腹刺突。后翅臀室无柄式。爪内齿短于外齿。锯鞘腹缘弧形弯曲，锯腹片狭长。雄虫体长9—10毫米；腹部背板后缘淡边较宽，两侧明显扩展，各足胫跗节后侧具明显黑色条斑；颚眼距窄于单眼直径；下生殖板长约等于宽，端部明显突出。

生态习性：生活于2400米以上的林间草地和灌丛草甸中。

分布范围：中国青海、甘肃、四川、云南、西藏；印度。

སྐྱི་གཤོག་སྒེ་ཁག Hymenoptera
ལོ་སྦྲང་ཚན་པ། Tenthredinidae

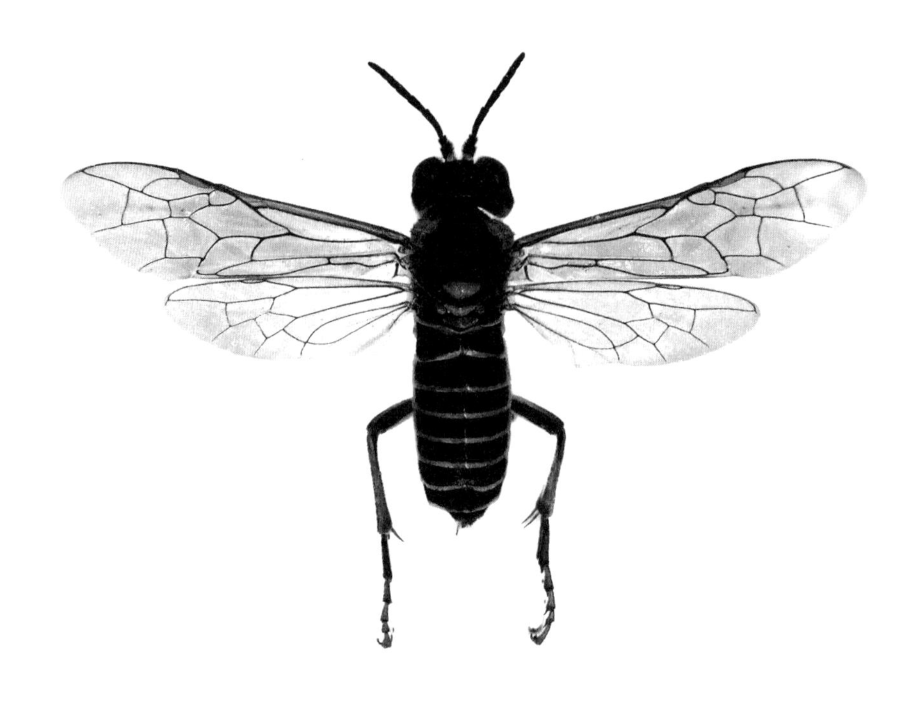

47. སྐྱེ་ཞུང་དམའ་འབུར་ལོ་སྦྲང་། *Tenthredo nimbata*（Konow，1906）

དབྱེ་འབྱེད་ཁྱད་ཆོས། མོ་ཡི་འབུ་གཟུགས་ཀྱི་རིང་ཚད་ལ་ཧའོ་སྨི10—11ཡོད། ལུས་པོའི་རྒྱབ་ངོས་དང་གསུམ་གཞོགས་མང་ཆེ་བ་ལྷང་ཁྲ་ཡིན་ཞིང་། རིག་ར་སྐོད་འབུར་ཡིན་པ་དང་། བྲང་གི་རྒྱབ་ལེབ་མང་ཆེ་ལ་གཤོག་རྩང་ལེབ་མོ། ཕུབ་ཆུང་མདུན་ངོས། རྒྱབ་ཀྱི་ཕུབ་ཆུང་མདུན་ངོས། བྲང་རྒྱབ་ཀྱི་རྒྱབ་པང་གི་དཀྱིལ་གནས། རྒྱབ་ཀྱི་ཚོགས་སོ་སོའི་རྒྱབ་པང་གི་མདོག་ནི་ལྷང་ཁྲ་ཡིན། བྲང་དཀྱིལ་གྱི་བྲང་ཁའི་ཟུར་ལེབ་དེ་དབུས་ཀྱི་གཞུང་ཐིག་དང་། གཞོགས་ཀྱི་ལྡེབ་ཁ། སོག་ལེའི་ནག་པོ་བཅས་ཡིན་པ་དང་། རྐང་བ་ལྷང་ཁྲ་ཡིན་ལ། བརྗེ་ཚོགས་དང་རྐང་ཚོགས་ཀྱི་རྒྱབ་ཏུ་ནག་ཐིག་ཅིག་ཡོད་ཅིང་། སུག་ཚོགས་ཀྱི་གསུམ་གཞོགས་ལ་ཕྲ་ཞིང་རིང་བའི་ནག་ཐིག་ཡོད། གཤོག་པ་ཉེ་ཞིང་དྭངས་གསལ་ཡིན་པ་དང་། མདུན་མཐའི་རྩ་དང་གཤོག་པའི་སྨེ་བ་སྨུག་སྐྱ་ཡིན། མགོ་བོ་དང་བྲང་ངོས་ཀྱི་སྤུ་ཕྲ་མང་ཆེ་བ་སྨུག་ནག་ཡིན་ལ། རིག་རའི་སྟེང་གི་འབུར་

དང་ར་ཡི་སྨུ་ཕྲ་དངུལ་མདོག་ཡིན། མགོའི་རྒྱབ་ངོས་སུ་ཞིབ་ཚགས་ཀྱིས་བཀོས་ཆེག་ཡོད། བཀོས་ཆེག་མངོན་གསལ་མིན། རྫེས་ཀྱི་མིག་གོང་སྟེང་དུ་ཞིབ་ཚགས་ཀྱིས་བཀོས་ཆེག་ཡོད། བྲང་དཀྱིལ་རྒྱབ་པང་གི་མདུན་འདབ་དང་ཟུར་འདབ་ཀྱི་རི་མོ་ཚགས་དམ་ལ། ཕུབ་ཆུང་མདུན་གྱི་ཕྱུར་ངོས་ཀྱི་རི་མོ་ཕྲ་ཞིང་ཆུང་བ་ཡིན། བྲང་དཀྱིལ་གྱི་མདུན་དཀྱིལ་བཀོས་རིས་ཕྲ་ཞིང་། སྨུམ་རྫས་ཀྱི་འོད་མདངས་ལྡན་པ་ཡིན། རྒྱབ་གཤོགས་དང་བྲང་རྒྱབ་ཀྱི་ལྟེབ་ངོས་ཀྱི་བཀོས་རིས་ཉམས་ཞན་ཡིན་ལ། གསུམ་པའི་རྒྱབ་པང་གི་རི་མོ་ཞིབ་ཚགས་ཡིན། མཆུ་རྨང་གི་མདུན་སྣེའི་ཁ་ངོས་ཞིང་ཆེ་བ་དང་གཞུ་དབྱིབས་ཡིན། མགལ་མིག་གི་བར་ཐག་ནི་མིག་གཅིག་གི་ཚངས་ཐིག་ལས་རིང་བ་དང་། རིག་རྭའི་ཚང་ནི་སྟེང་དུ་འབུར་བ་མངོན་གསལ་དོད་པོ་ཡིན་ཞིང་། རྒྱབ་ཕྱོགས་ནས་ཁ་འབྲལ་ལ། རྒྱབ་སྣེ་གཟར་ཆེ་ཞིང་སློ་བུར་དུ་མཚམས་ཆད་ཡོད། མིག་གཅིག་གི་རྒྱབ་ཕྱོགས་ཙུང་འབུར་ཞིང་། མིག་གཅིག་གི་མཐོ་ཚད་དང་ཞིང་ལ་ལྷབ1.3ལྷག་ཙམ་ཡོད། གཤོགས་ཤུར་ཙུང་ཐབ་པ་དང་ནང་དུ་གུག་པ་ཙུང་མངོན་གསལ་ཡིན་ལ། རྒྱབ་ཕྱོགས་སུ་མངོན་གསལ་དོད་པས་ཁ་འཐོར་ཡོད། རྒྱབ་ངོས་ནས་བལྟས་ན་མགོ་བོ་ནི་ཚོགས་མིག་ལས་ཙུང་ཞིང་ཧ་ཅེར་སོང་བ་དང་། ཚོགས་མིག་ལས་ཙུང་ཐུང་བ་ཡིན། རིག་རྭའི་རིང་ཚད་མགོ་ལས་ལྷབ1.5ཡིན། བྲང་དཀྱིལ་རྒྱབ་པང་གི་ཁ་ངོས་མི་སྙོམས་པའི་ཤུར་ཁག་ཕལ་ཆེར་མེད་པར་འགྱུར་ལ། ཕུབ་ཆུང་ཙུང་འབུར་ཡོད་པ་དང་། སྐྲལ་མེད་དང་རྩེ་མོ། ཟུར་ལེབ་ལ་ཉམས་ཞན་གྱི་གཞུང་ཐང་ཡོད། བྲང་དཀྱིལ་གྱི་མདུན་འཕྲམ་གྱི་དཀྱིལ་མངོན་གསལ་དོད་པོས་འབུར་མེད་པ་དང་གསུམ་པའི་སྟེང་ཚེར་མ་མེད། གཤོག་པའི་འཕོངས་ཁང་ལ་ཡུ་བ་མེད། ཕྱིར་མའི་ནང་གི་སོ་ནི་ཕྱིའི་སོ་ལས་ཐུང་བ་དང་། སོག་ལེའི་ཤུབས་དང་གསུམ་པའི་མཐའ་གཞུ་དབྱིབས་སུ་གུག་ཅིང་། གསུམ་པའི་སོག་ལེ་ངོག་ཅིང་རིང་བ་ཡིན། ཕོ་འབུ་གཟུགས་ཀྱི་རིང་ཚད་ནི་ཧའོ་སྨི9—10ཡིན། གསུམ་པའི་རྒྱབ་ངོས་ཀྱི་མཐའ་ཐབ་ལ་ཞིང་ཆེ། གཤོགས་གཉིས་མངོན་གསལ་གྱིས་རྒྱ་སྐྱེད་པ་དང་། ཐང་བ་དང་རྫེ་ངར་གྱི་ཚོགས་མིག་གི་རྒྱབ་ལ་ནག་ཁྲ་ཞིག་ཡོད། མགལ་གྱི་བར་ཐག་མིག་གཅིག་གི་ཚངས་ཐིག་ལས་ཐུང་། སྨད་དུ་སྐྱེ་འཕེལ་པང་ལེབ་ཀྱི་རིང་ཚད་ནི་ཞིང་ཚད་དང་སྣེ་མངོན་གསལ་ཡིན།

སྐྱེ་ཁམས་གོམས་གཤིས། མཚོ་ངོས་མཐོ་ཚད་སྨི2400ཡན་གྱི་ནགས་རའི་སྤང་ཐང་དང་སྡོང་ཕྲན་ཁྲོད་ཀྱི་སྤང་ཐང་དུ་འཚོ་བཞིན་ཡོད།

ས་ཁམས་ཁྱབ་ཚུལ། ཀྲུང་གོའི་མཚོ་སྔོན་དང་ཀན་སུའུ། སི་ཁྲོན། ཡུན་ནན། བོད་ལྗོངས་བཅས་དང་རྒྱ་གར།

48. 科氏红蚁 *Myrmica kozlovi*（Ruzsky，1915）

识别特征：工蚁体长约 5.2 毫米。正面观头部近梯形，长大于宽，向前稍变窄，后缘轻微隆起，侧缘轻度隆起，后角窄圆。上颚三角形，咀嚼缘具 3 个大齿和 1 列细齿。唇基前缘中度隆起。额叶宽，部分遮盖触角窝，触角 12 节，触角棒 3 节，柄节末端接近头后角。复眼中等大小，位于头侧缘中点稍前处。侧面观前中胸背板中度隆起呈弓形，缺前中胸背板缝。后胸沟深凹。并胸腹节背面轻度凹入，并胸腹节刺细长尖锐，末端轻微上翘，斜面轻度凹入。腹柄前面缺小柄，腹柄结梯形，前面和后面坡形，背面近平直，前上角和后上角段角状，腹面轻度凹入，前下角具齿。后腹柄结后倾，后上角钝角状，腹面轻度凹入。后腹部卵圆形，腹末具螯针。上颚具细纵条纹。头部背面中部具纵皱纹，后部和两侧具网状刻纹。胸部背面、腹柄结和后腹柄结具网状刻纹，胸部侧面具纵皱纹。后腹部光滑发亮。身体背面具稀疏亚直立毛和丰富倾斜绒毛被，柄节和胫节具密集倾斜毛。身体红棕色，头部暗红棕色，后腹部黑色，复眼灰色。

生态习性:生活于云杉林、针阔混交林、草丛、石下、朽木内、苔藓下、土壤中等。

分布范围：中国青海、西藏；尼泊尔；印度。

48. ཁོ་ཟླའི་གྲོག་དམར། *Myrmica kozlovi*（Ruzsky，1915）

དབྱེ་འབྱེད་ཁྱད་ཆོས། གཟུགས་ཀྱི་རིང་ཚད་ལ་ཕལ་ཆེར་ཧྲའོ་སྨི5.2ཡོད། མདུན་ཕྱོགས་ནས་བལྟས་ན་མགོ་སྐས་དབྱིབས་སུ་སྣང་བ་དང་། ཞེང་ཚད་ཆེ་ཞིང་མདུན་ཕྱོགས་ཙུང་དོག་པོ་ཡིན། རྒྱབ་སྟེ་ཙུང་འབུར་ལ་གཞོགས་ཡའང་ཙུང་འབུར་ཡོད། རྒྱབ་ར་དོག་ཅིང་སྐོར་མོ་ཡིན། ཡ་ཀན་ཟུར་གསུམ་དབྱིབས་ཡིན་པ་དང་། ལྷད་མཐའ་སོ་ཆེན3དང་སོ་ཕྲ་ཆུང1ཡོད། མཆུ་རྨང་གི་མདུན་སྣེའི་བར་ནི་འབུར་ཡོད། དཔྲལ་འདབ་ཀྱི་ཞེང་ཆེ་ཞིང་། ཆ་ཤས་ཀྱིས་རེག་རྣའི་ཚང་བཀབ་ཡོད། དབང་རྣ12ཡོད་པ་དང་རེག་རྣའི་དབྱུག་པ་གསུམ་ཡོད། ཡུ་ཚིགས་ཀྱི་སྣེ་ནི་མགོའི་རྒྱབ་ཟུར་དང་འདྲ། ཚིགས་མིག་གི་རིང་ཐུང་ནི་མགོའི་དཀྱིལ་དུ་གནས་ལ་ཙུང་མདུན་སར་ཡོད། གཞོགས་ངོས་ནས་བལྟས་ན་མདུན་བྲང་རྒྱབ་པང་བར་འབྲིང་ཙམ་འབུར་བ་གཞུ་དབྱིབས་སུ་མངོན་ཞིང་། མདུན་བྲང་རྒྱབ་པང་གི་བར་སྲུབས་མི་འདུག ལྟག་གི་བྲང་ཤུར་ནང་དུ་བཪྡིབས་ཡོད། བྲང་གི་གསུམ་ཚིགས་ཀྱི་རྒྱབ་ངོས་ཙུང་ཞོམ་པར་མ་ཟད། བྲང་དང་གསུམ་པའི་ཚིགས་ཀྱི་ཚེར་མ་ཕྲ་

ཞིང་རྙོན་པོ་ཡིན། སྣེ་རྩུང་གྱེན་ལ་གུག་ཡོད་ཅིང་གསེག་ངོས་རྩུང་ཞོམ་པ་རེད། གསུམ་པའི་ཡུ་བའི་མདུན་ཕྱོགས་སུ་ཡུ་བ་ཆུང་ཆུང་དགོན་པ་དང་། གསུམ་པའི་ཡུ་བར་སྐས་དབྱིབས་སུ་ཆགས་ཡོད། མདུན་ཕྱོགས་དང་རྒྱབ་ནི་གྱེན་དབྱིབས་སུ་སྣང་། རྒྱབ་ངོས་ནི་དྲང་སྙོམས་ཡིན། མདུན་ཕྱོགས་ཀྱི་ར་དང་རྒྱབ་ཕྱོགས་ཀྱི་ར་དུམ་རའི་དབྱིབས་སུ་མཛོན། གསུམ་ངོས་རྩུང་ཞོམ་པ་དང་མདུན་ར་ལ་སོ་ལྡན་པ་ཡིན། གསུམ་པའི་ཡུ་བ་རྒྱབ་ཕྱོགས་སུ་ཕྱོགས་པ་དང་རྒྱབ་ཕྱོགས་ཀྱི་ར་ནི་རྟུལ་ཟུར་དབྱིབས་ཡིན། གསུམ་ངོས་རྩུང་ཟད་ནང་དུ་བརྡིབས་ཡོད། གསུམ་པའི་རྒྱབ་ཏུ་སྐོར་དབྱིབས་དང་གསུམ་པའི་མཇུག་ཏུ་རྨུགས་ཁབ་ཅིག་ཡོད། ཡ་ཀན་ལ་ནར་རིས་ཡོད། མགོའི་རྒྱབ་ངོས་ཀྱི་དཀྱིལ་དུ་གཉེར་མ་ཡོད་པ་དང་། རྒྱབ་ངོས་དང་གཤོགས་གཉིས་སུ་དྲ་དབྱིབས་ཀྱི་བཀོས་རིས་ཡོད། བྲང་གི་རྒྱབ་ངོས་དང་གསུམ་པའི་ཡུ་བ། གསུམ་པའི་རྒྱབ་ཀྱི་ཡུ་བའི་མདུད་པར་དྲ་དབྱིབས་ཀྱི་བཀོས་རིས་ཡོད། བྲང་གི་གཤོགས་ངོས་སུ་གཞུང་གི་གཉེར་མ་ཡོད། རྗེས་ཀྱི་གསུམ་པའི་ངོས་འཇམ་པོ་འདུག ལུས་པོའི་རྒྱབ་ངོས་སུ་སྤུ་ཐར་ཐོར་དུ་སྐྱེས་པ་དང་ཕྱིར་ཏུ་གསེག་ལྡན་གྱི་ཁྱུ་སྤུ་ཡོད་ལ། ཡུ་ཚིགས་དང་རྗེ་ངར་ཆེ་བའི་ཚིགས་ལ་ཚགས་དམ་པའི་གསེག་ལྡན་གྱི་སྤུ་ཡོད། ལུས་ཀྱི་ཁ་དོག་ཟྫ་མདོག་ཡིན་ལ། མགོ་ཡི་ཁ་དོག་ཁམ་ནག་ཡིན། རྗེས་ཀྱི་གསུམ་པའི་ཁ་དོག་ནག་པོ་ཡིན་པ་དང་། མིག་གི་ཁ་དོག་སྐྱ་བོ་ཡིན།

སྐྱེ་ཁམས་གོམས་གཤིས། ཡུན་རིང་ནགས་ཚལ་དང་ཁབ་ཆེན་མཉམ་བསྲེས་ནགས་ཚལ། རྩྭ་རགས། རྡོའི་འོག ཤིང་རྩུལ། སྡོ་དྲེག་འོག སྡོ་དྲེག་འོགས་རྒྱུ་འབྲིང་སོགས་སུ་འཚོ་བཞིན་ཡོད།

ས་ཁམས་ཁྱབ་ཚུལ། ཀྲུང་གོའི་མཚོ་སྔོན་དང་བོད་ལྗོངས། བལ་པོ་དང་རྒྱ་གར།

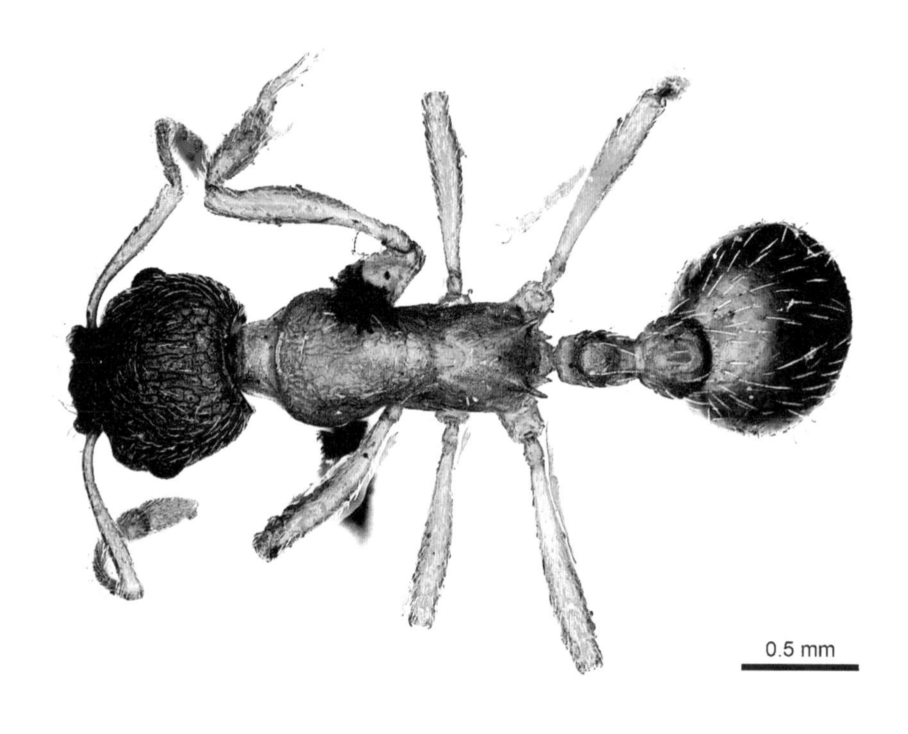

49. 西藏红蚁 *Myrmica tibetana*（Mayr，1889）

识别特征：工蚁体长约 4.3 毫米。正面观头部近长方形，长大于宽，后缘和侧缘轻度隆起，后角宽圆。上颚三角形，咀嚼缘具 3 个大齿和 1 列细齿。唇基前缘强烈隆起。额叶宽，部分遮盖触角窝，触角 12 节，触角棒 3 节，柄节末端稍超过头后角。复眼中等大小，位于头侧缘中点稍前处。侧面观前中胸背板中度隆起呈弓形，缺前中胸背板缝。后胸沟深凹。并胸腹节背面轻度隆起，并胸腹节刺较短，指向后上方，斜面轻度凹入。腹柄前面具短的小柄，腹柄结近梯形，前面和后面坡形，背面轻度隆起，腹面后部轻度凹入，前下角具齿。后腹柄结后倾，后上角钝圆，腹面强烈隆起。后腹部卵圆形，腹末具螯针。上颚具细纵条纹。头部前面中部具纵皱纹，后部和侧面具网状刻纹。胸部、腹柄和后腹柄具弱的细纵皱纹，前胸背板前部具网状细刻纹。后腹部光滑发亮。身体背面具丰富亚直立毛和丰富倾斜绒毛被，胸部背面立毛稀疏；柄节和胫节具密集倾斜、亚倾斜毛。头部和后腹部棕色，胸部、腹柄、后腹柄和附肢棕黄色，复眼灰色。

生态习性：生活于云杉林、柳树林、石下、土壤中等。

分布范围：中国青海、西藏、甘肃；阿富汗。

49. བོད་ཀྱི་གྲོག་མ་དམར་པོ། *Myrmica tibetana* (Mayr, 1889)

དབྱེ་འབྱེད་ཁྱད་ཆོས། གཟུགས་ཀྱི་རིང་ཚད་ལ་ཕལ་ཆེར་ཧྲའོ་སྨི4.3ཡིན། མདུན་ཕྱོགས་ནས་བལྟས་ན་མགོ་གྲུ་བཞི་ནར་མོའི་དབྱིབས་ཡིན་པ་དང་། ཞེང་ཚད་ཆེ་ཞིང་། རྒྱབ་ཕྱོགས་དང་གཞོགས་འགྲམ་ཙུང་འབུར་ཡོད་པ་དང་། རྒྱབ་ར་དོག་ཅིང་སྒོར་མོ་ཡིན། ཡ་ཀན་ཟུར་གསུམ་དབྱིབས་པ་དང་། ལྷད་མཐའ་སོ་ཆེན3དང་སོ་ཕྲ་ཆུང1ཡོད། མཆུ་རྨང་གི་མདུན་སྣེའི་བར་ནི་འབུར་ཡོད། དཔྲལ་འདབ་ཀྱི་ཞེང་ཆེ་ཞིང་། ཆ་ཤས་ཀྱིས་རེག་རྭའི་ཚང་བཀབ་ཡོད། དབང་རྭ12ཡོད་པ་དང་རེག་རྭའི་དབྱུག་པ་གསུམ་ཡོད། ཕྱུ་ཚོགས་ཀྱི་སྣེ་ནི་མགོའི་རྒྱབ་ར་དང་འདྲ། ཚོགས་མིག་གི་རིང་ཐུང་ནི་མགོའི་དཀྱིལ་དུ་གནས་ལ་ཙུང་མདུན་སར་ཡོད། གཞོགས་ངོས་ནས་བལྟས་ན་མདུན་བྲང་རྒྱབ་པང་བར་འབྲིང་ཙམ་འབུར་བ་གཞུ་དབྱིབས་སུ་མངོན་ཞིང་། མདུན་བྲང་རྒྱབ་པང་གི་བར་སྒུབས་མི་འདུག ལྟག་གི་བྲང་ཤུར་ནང་དུ་བརྡེབས་ཡོད། བྲང་གི་གསུམ་ཚོགས་ཀྱི་རྒྱབ་ངོས་ཙུང་ཞོམ་པར་མ་ཟད། བྲང་དང་གསུམ་པའི་ཚོགས་ཀྱི་ཚེར་མ་ཕྲ་ཞིང་རྣོན་པོ་ཡིན། སྣེ་

ཙུང་གྲེན་ལ་གུག་ཡོད་ཅིང་གསེག་ངོས་ཙུང་ཞོམ་པ་རེད། གསུམ་པའི་ཡུ་བའི་མདུན་ཕྱོགས་སུ་ཡུ་བ་ཆུང་ཆུང་དཀོན་པ་དང་། གསུམ་པའི་ཡུ་བར་སྐས་དབྱིབས་སུ་ཆགས་ཡོད། མདུན་ཕྱོགས་དང་རྒྱབ་ནི་གྲེན་དབྱིབས་སུ་སྣང་། རྒྱབ་ངོས་ནི་དྲང་སྙོམས་ཡིན། མདུན་སྔོན་གྱི་ར་དང་རྒྱབ་སྔོན་གྱི་ར་དུམ་རའི་དབྱིབས་སུ་མངོན། གསུམ་ངོས་ཙུང་ཞོམ་པ་དང་མདུན་ར་ལ་སོ་ལྡན་པ་ཡིན། གསུམ་པའི་ཡུ་བ་རྒྱབ་ཕྱོགས་སུ་ཕྱོགས་པ་དང་རྒྱབ་སྔོན་གྱི་ར་ནི་རྟུལ་ཟུར་དབྱིབས་ཡིན། གསུམ་ངོས་ཙུང་ཟད་ནང་དུ་བརྡིབས་ཡོད། གསུམ་པའི་རྒྱབ་ཏུ་སྒོར་དབྱིབས་དང་གསུམ་པའི་མཇུག་ཏུ་རྨུགས་ཁབ་ཅིག་ཡོད། ཡ་ཀན་ལ་ནར་རིས་ཤིག་ཡོད། མགོའི་རྒྱབ་ངོས་ཀྱི་དཀྱིལ་དུ་གཉེར་མ་ཡོད་པ་དང་། རྒྱབ་ངོས་དང་གཞོགས་གཉིས་སུ་དྲ་དབྱིབས་ཀྱི་བཀོས་རིས་ཤིག་ཡོད། བྲང་གི་རྒྱབ་ངོས་དང་གསུམ་པའི་ཡུ་བ། གསུམ་པའི་རྒྱབ་ཀྱི་ཡུ་བའི་མདུད་པར་དྲ་དབྱིབས་ཀྱི་བཀོས་རིས་ཤིག་ཡོད། བྲང་གི་གཞོགས་ངོས་སུ་གཞུང་གི་གཉེར་མ་ཡོད། རྗེས་ཀྱི་གསུམ་པའི་ངོས་འཇམ་པོ་འདུག ལུས་པོའི་རྒྱབ་ངོས་སུ་སྤུ་ཐར་ཐོར་དུ་སྐྱེས་པ་དང་ཕྱིར་ཏུ་གསེག་ལྡན་གྱི་ཁྲ་སྤུ་ཡོད་ལ། ཡུ་ཚིགས་དང་རྗེ་ངར་ཆེ་བའི་ཚིགས་ལ་ཚགས་དམ་པའི་གསེག་ལྡན་གྱི་སྤུ་ཡོད། མགོ་དང་རྒྱབ་ཀྱི་གསུམ་པའི་མདོག་ནི་རྫ་མདོག་ཡིན་པ་དང་། བྲང་དང་གསུམ་པའི་ཡུ་བ། གསུམ་པའི་མཇུག་གི་ཡུ་བ། ཟུར་ཀང་གི་མདོག་ནི་སེར་པོ་ཡིན་ལ། ཚིགས་མིག་གི་ཁ་དོག་སྨུ་པོ་ཡིན།

སྐྱེ་ཁམས་གོམས་གཤིས། ཡུན་རིང་ནགས་ཚལ་དང་རྒྱ་ལྕང་ནགས་ཚལ། རྡོའི་འོག་དང་ས་ནང་དུ་འཚོ་བཞིན་ཡོད།

ས་ཁམས་ཁྱབ་ཚུལ། ཀྲུང་གོའི་མཚོ་སྔོན་དང་བོད་ལྗོངས། ཀན་སུའུ་བཅས་དང་ཨབ་སྒན་སི་ཐན།

50. 克什米尔熊蜂　*Bombus*（*Alpigenobombus*）*kashmirensis*（Friese，1909）

识别特征：个体比较粗壮。浑身绒毛，胸部黑色居多，胸前部 1/3 有白毛宽带斑纹，腹前部 3/5 毛白色，腹后部毛橙黄色，毛缘白色。有较长的吻。工蜂及蜂王下颚端部有 6 颗间距均匀的大三角形齿，胸部背面毛色为白色条带，翅较透明，体毛较长。

生态习性：生活于青藏高原东北部边缘及甘肃、四川等高海拔地区。

分布范围：中国甘肃、四川、青海、西藏；巴基斯坦；印度；尼泊尔；不丹。

སྲི་གཏོག་སྡེ་ཁག Hymenoptera
སྦྲང་མའི་ཚན་པ། Apidae

50. ཁེ་ཧྲི་སྨིར་དོམ་སྦྲང་། *Bombus* (*Alpigenobombus*) *kashmirensis* (Friese， 1909)

དབྱེ་འབྱེད་ཁྱད་ཆོས། ལུས་ཡོངས་ཆུང་སྟོངས་ཆེ་ཞིང་སྦོམ་པོ་ཡིན། ལུས་ན་ཁུ་སྤུ་མང་ཞིང་བྲང་ཁ་རུ་སྤུ་མདོག་ནི་ནག་པོ་ཆུང་ཟད་མང་བོ་ཡོད། བྲང་ཁའི1/3ནི་སྤུ་མདོག་དཀར་པོ་ཡིན་ལ་དེའི་སྟེང་ན་ཁྲ་རིས་ཤིག་ཡོད། གསུམ་པའི་མདུན་ཕྱོགས་ཀྱི3/5སྤུ་མདོག་དཀར་པོ་ཡིན་པ་དང་གསུམ་པའི་རྒྱབ་ཀྱི་སྤུ་མདོག་སེར་པོ་ཡིན་ལ། སྤུ་མཐའ་ཡི་མདོག་དཀར་པོ་ཡིན། ཆུང་རིང་བའི་ཡ་མཆུ་ཡོད། བཟོ་སྦྲང་དང་སྦྲང་རྒྱལ་གྱི་རྐན་སྟེ་རུ་བར་ཐག་ཆ་སྙོམས་ཡིན་པའི་ཟུར་གསུམ་དབྱིབས་ཀྱི་སོ6ཡོད་པ་དང་། བྲང་གི་རྒྱབ་ངོས་ཀྱི་སྤུ་མདོག་ནི་ཁ་དོག་དཀར་པོ་ཡིན་པ་དང་། གཤོག་པ་ཆུང་དྭངས་གསལ་ཡིན་ལ། ལུས་ཀྱི་སྤུ་ཆུང་རིང་པོ་ཞིག་ཡིན།

སྐྱེ་ཁམས་གོམས་གཤིས། མདོ་དབུས་མཐོ་སྒང་གི་བྱང་ཤར་རྒྱུད་དང་དེ་བཞིན་ཀན་སུའུ་དང་སི་ཁྲོན་སོགས་ས་བབ་མཐོ་བའི་ས་ཁུལ་དུ་འཚོ་བཞིན་ཡོད།

ས་ཁམས་ཁྱབ་ཚུལ། ཀྲུང་གོའི་ཀན་སུའུ་དང་སི་ཁྲོན། མཚོ་སྔོན། བོད་ལྗོངས། པ་ཀི་སི་ཐན། རྒྱ་གར། བལ་པོ། འབྲུག་ཡུལ།

参考文献

一、图书

[1] 中国科学院青藏高原综合考察队 . 西藏昆虫 · 第一册 [M]. 北京 : 科学出版社，1981.

[2] 中国科学院青藏高原综合科学考察队 . 西藏昆虫·第二册 [M]. 北京: 科学出版社，1982

[3] 印象初 . 青藏高原的蝗虫 [M]. 北京 : 科学出版社，1984.

[4] 张大镛,林大武,王保海 . 西藏昆虫图册 (鳞翅目第一册) [M]. 拉萨: 西藏人民出版社，1986.

[5] 中国科学院登山科学考察队 . 西藏南迦巴瓦峰地区昆虫 [M]. 北京 : 科学出版社，1988.

[6] 陈一心，王保海 . 西藏夜蛾志 [M]. 郑州 : 河南科学技术出版社，1991.

[7] 中国科学院青藏高原综合科学考察队 . 横断山昆虫 [M]. 北京 : 科学出版社，1992.

[8] 王保海，袁维红，王成明，等 . 西藏昆虫区系及其演化 [M]. 郑州 : 河南科学技术出版社，1992.

[9] 郑哲民 . 蝗虫分类学 [M]. 西安 : 陕西师范大学出版社，1993.

[10] 蔡振声，史先鹏，徐培河 . 青海经济昆虫志 [M]. 西宁 : 青海人民出版社，1994.

[11] 夏凯龄 . 中国动物志，昆虫纲 (第四卷)，直翅目，蝗总科，癞蝗科，

瘤锥蝗科和锥头蝗科 [M]. 北京：科学出版社，1994.

[12] 徐振国 . 青海小蛾类图鉴 [M]. 北京：中国农业科技出版社，1997.

[13] 周尧 . 中国蝴蝶分类与鉴定 [M]. 郑州：河南科学技术出版社，1998.

[14] 郑哲民，夏凯龄 . 中国动物志，昆虫纲（第十卷），直翅目，蝗总科，斑翅蝗科及网翅蝗科 [M]. 北京：科学出版社，1998.

[15] 周尧 . 中国蝶类志（上卷、下卷）修订版 [M]. 郑州：河南科学技术出版社，2000.

[16] 印象初，夏凯龄 . 中国动物志，昆虫纲（第三十二卷），直翅目，蝗总科，槌角蝗科和剑角蝗科 [M]. 北京：科学出版社，2003.

[17] 王敏，范骁凌，中国灰蝶志 [M]. 郑州：河南科学技术出版社，2002.

[18] 杨星科 . 西藏雅鲁藏布大峡谷昆虫 [M]. 北京：中国科学技术出版社，2004.

[19] 王保海，黄复生 . 西藏昆虫分化 [M] . 郑州：河南科学技术出版社，2006.

[20] 薛万琦，王明福，青藏高原蝇类 [M]. 北京：科学出版社，2007.

[21] 张亚玲，王保海 . 青藏高原昆虫地理分布 [M]. 郑州：河南科学技术出版社，2016.

[22] 武春生，徐堉峰，中国蝴蝶图鉴（共 4 册）[M]. 福州：海峡书局出版社有限公司，2017.

[23] 潘朝晖 . 西藏蝴蝶图鉴 [M]. 郑州：河南科学技术出版社，2021.

二、期刊文章

[1] 印象初 . 中国蝗总科分类系统的研究 [J]. 高原生物学集刊，1982，

（1）：69—99.

[2] 曾阳，鲍敏，陈振宁，等 . 青海省蝶类新记录及其动物区系分析 [J]. 陕西师范大学学报（自然科学版），1999，27（增刊）：187—189.

[3] 郑哲民 . 中国蝗虫的分类学研究 [J]. 陕西师范大学学报（自然科学版），2003（S2）：46—58.

[4] 陈振宁，郑哲民 . 青海省原金蝗属一新种直翅目，斑腿蝗科 [J]. 动物分类学报，2009，34（1）：137—139.

[5] 郑哲民，孟江红，陈振宁 . 中国雏蝗属的分类研究及二新种记述直翅目，网翅蝗科 [J]. 商丘师范学院学报，2009，25（9）：8—20.

[6] 郝会文，鲍敏，柯君，等 . 青海省蝗虫区系成分及生态地理分布 [J]. 生物学杂志，2019，36（4）：62—68.

ཟུར་ལྟའི་ཡིག་ཆ།

གཅིག དཔེ་དེབ།

[1] ཀྲུང་གོ་ཚན་རིག་གླིང་མདོ་དབུས་མཐོ་སྒང་གི་ཕྱོགས་བསྡུས་རྟོག་ཞིབ་རུ་ཁག བོད་ལྗོངས་ཀྱི་འབུ་སྲིན(གཅིག) [M] པེ་ཅིན། ཚན་རིག་དཔེ་སྐྲུན་ཁང་། 1981.

[2] ཀྲུང་གོ་ཚན་རིག་གླིང་མདོ་དབུས་མཐོ་སྒང་གི་ཕྱོགས་བསྡུས་རྟོག་ཞིབ་རུ་ཁག བོད་ལྗོངས་ཀྱི་འབུ་སྲིན(གཉིས) [M] པེ་ཅིན། ཚན་རིག་དཔེ་སྐྲུན་ཁང་། 1982.

[3] དབྱིན་ཞང་ཁྲུའུ། མདོ་དབུས་མཐོ་སྒང་གི་ཆ་ག་པ། [M] པེ་ཅིན། ཚན་རིག་དཔེ་སྐྲུན་ཁང་། 1984.

[4] ཀྲང་ཏ་ཡུང་། ལིན་ཏ་ཧྲུའུ། ཕུང་པའོ་ཏའེ། བོད་ལྗོངས་འབུ་སྲིན་གྱི་རིས་དེབ། [M] ལྷ་ས། བོད་ལྗོངས་མི་དམངས་དཔེ་སྐྲུན་ཁང་། 1986.

[5] ཀྲུང་གོ་ཚན་རིག་ཁང་རི་འཛོག་ཚན་རིག་རྟོག་ཞིབ་རུ་ཁག བོད་ལྗོངས་ཀྱི་གནམ་ལྕགས་འབབ་པའི་རི་རྩེའི་ས་ཁུལ་གྱི་འབུ་སྲིན། [M] པེ་ཅིན། ཚན་རིག་དཔེ་སྐྲུན་ཁང་། 1988.

[6] ཁྲིན་དབྱི་ཞིན། ཕུང་པའོ་ཏའེ། བོད་ལྗོངས་ཀྱི་མཚན་འབུ་མེ་ལྕེབ་ཀྱི་ལོ་རྒྱུས། [M] ཀྲེང་ཀྲོའུ། ཧོ་ནན་ཚན་རིག་ལག་རྩལ་དཔེ་སྐྲུན་ཁང་། 1991.

[7] ཀྲུང་གོ་ཚན་རིག་གླིང་མདོ་དབུས་མཐོ་སྒང་གི་ཕྱོགས་བསྡུས་ཚན་རིག་རྟོག་ཞིབ་རུ་ཁག ཧེང་ཏོན་ཧྲུན་གྱི་འབུ་སྲིན། [M] པེ་ཅིན། ཚན་རིག་དཔེ་སྐྲུན་ཁང་། 1992.

[8] ཕུང་པའོ་ཏའེ་དང་ཡོན་ཕེ་ཧྲུང་། ཕང་ཁྲེང་མིང་སོགས། བོད་ཀྱི་འབུ་སྲིན་རིགས་དང་དེའི་རིམ་འགྱུར། [M] ཀྲེང་ཀྲོའུ། ཧོ་ནན་ཚན་རིག་ལག་རྩལ་དཔེ་སྐྲུན་ཁང་། 1992.

[9] ཀྲེང་ཀྲི་མིན། ཆ་ག་པའི་རིགས་དབྱེ་རིག་པ། [M] ཞི་ཨན། ཧྲའན་ཞི་དགེ་འོས་སློབ་ཆེན་དཔེ་སྐྲུན་ཁང་། 1993.

[10] ཚའེ་ཀྲིན་ཧྲེང་དང་ཧྲི་ཞན་ཕེང་། ཞུས་པ་པོ། མཚོ་སྔོན་དཔལ་འཁོར་འབུ་སྲིན། [M] ཟི་ལིང་། མཚོ་སྔོན་མི་དམངས་དཔེ་སྐྲུན་ཁང་། 1994.

[11] ཞ་ཁའེ་ལིན། ཀྲུང་གོའི་སྲོག་ཆགས་ཀྱི་ལོ་རྒྱུས་དང་འབྲུ་སྲིན་གྱི་རིགས། (བམ་པོ་བཞི་པ) གཉོག་པ་དྲང་མོའི་རིགས། ཆ་ག་པའི་རིགས། རྗོ་དང་ཆ་ག་པའི་རིགས། སྤུང་སྐྲན་ཆ་ག་པ་དང་སྤུང་མགོའི་ཆ་ག་པའི་རིགས། [M] པེ་ཅིང་། ཚན་རིག་དཔེ་སྐྲུན་ཁང་། 1994.

[12] ཞུས་ཀྲེན་གོ མཚོ་སྔོན་གྱི་འབྲུ་མེ་ལྡེབ་རིགས་ཀྱི་པར་རིས། [M] པེ་ཅིང་། ཀྲུང་གོའི་ཞིང་ལས་ཚན་རྩལ་དཔེ་སྐྲུན་ཁང་། 1997.

[13] ཀོའུ་ཡའོ། ཀྲུང་གོའི་ཕྱེ་མ་ལེབ་ཀྱི་རིགས་དབྱེ་དང་གསལ་འབྱེད། [M] ཀྲེང་ཀྲོའུ། ཧོ་ནན་ཚན་རིག་ལག་རྩལ་དཔེ་སྐྲུན་ཁང་། 1998.

[14] ཀྲེང་ཀྲི་མིན། ཞ་ཁའེ་ལིན། ཀྲུང་གོའི་སྲོག་ཆགས་ཀྱི་རྣམ་བཤད། འབྲུ་སྲིན་གྱི་རྩ་གནད། ཐད་གཉོག་གི་རིགས། ཆ་ག་པའི་ཚན། དྲ་བའི་གཉོག་པའི་ཚན་ཁག [M] པེ་ཅིང་། ཚན་རིག་དཔེ་སྐྲུན་ཁང་། 1998.

[15] ཀོའུ་ཡའོ། ཀྲུང་གོའི་མུར་རིགས་ཀྱི་ལོ་རྒྱུས། (སྟོད་དང་སྨད་ཆ) བཟོ་བཅོས་དེབ། [M] ཀྲེང་ཀྲོའུ། ཧོ་ནན་ཚན་རིག་ལག་རྩལ་དཔེ་སྐྲུན་ཁང་། 2000.

[16] དབྱིན་ཞང་ཁྲུའུ། ཞ་ཁའེ་ལིན། ཀྲུང་གོའི་སྲོག་ཆགས་ཀྱི་རྣམ་བཤད་དང་། འབྲུ་སྲིན་གྱི་རྩ་གནད། (བམ་པོ་སོ་གཉིས་པ) ཐད་གཉོག་གི་རིགས། ཆ་ག་པའི་ཚན། ཤིང་གི་ཆ་ག་པའི་ཁོངས། གྲི་ཡི་ཆ་ག་པའི་ཁོངས། [M] པེ་ཅིང་། ཚན་རིག་དཔེ་སྐྲུན་ཁང་། 2003.

[17] ཕང་མིན་དང་ཧྲུན་ཞའོ་ལིན། ཀྲུང་གོའི་ཕྱེ་ལེབ་ལོ་རྒྱུས། [M] ཀྲེང་ཀྲོའུ། ཧོ་ནན་ཚན་རིག་ལག་རྩལ་དཔེ་སྐྲུན་ཁང་། 2002.

[18] དབྱང་ཞིན་ཁོ། བོད་ལྗོངས་ཡར་ཀླུང་གཙང་པོའི་རོང་ཆེན་གྱི་འབྲུ་སྲིན། [M] པེ་ཅིང་། ཀྲུང་གོའི་ཚན་རིག་ལག་རྩལ་དཔེ་སྐྲུན་ཁང་། 2004.

[19] ཕང་པའོ་ཧྲའེ། ཧོང་ཟྷུ་ཧྥིང་། བོད་ལྗོངས་ཀྱི་འབྲུ་སྲིན་ཁ་ཕྲལ། [M] ཀྲེང་ཀྲོའུ། ཧོ་ནན་ཚན་རིག་ལག་རྩལ་དཔེ་སྐྲུན་ཁང་། 2006.

[20] ཕུའེ་ཕན་ཆི། ཕང་མིང་ཟྷུ། མདོ་དབུས་མཐོ་སྒང་གི་སྦྲང་ནག་རིགས། [M] པེ་ཅིང་། ཚན་རིག་དཔེ་སྐྲུན་ཁང་། 2007.

[21] ཀྲང་ཡ་ལིང་། ཕང་པའོ་ཧྲའེ། མདོ་དབུས་མཐོ་སྒང་གི་འབྲུ་སྲིན་ས་གཤིས་ཁྱབ་ཚུལ། [M] ཀྲེང་ཀྲོའུ། ཧོ་ནན་ཚན་རིག་ལག་རྩལ་དཔེ་སྐྲུན་ཁང་། 2016.

[22] ཧྲུའུ་ཁྲུན་ཧྥིང་། ཞུས་ཡུས་ཧྲིང་། ཀྲུང་གོའི་ཕྱེ་མ་ལེབ་ཀྱི་པར་རིས། [M] ཟྷུ་ཀྲོའུ། མཚོ་འགག་དཔེ་ཆའི་རྟུས་དཔེ་སྐྲུན་ཚད་ཡོད་ཀུང་སི། 2017.

[23] ཕན་ཁྲའོ་རུའེ། བོད་ལྗོངས་ཕྱེ་མ་ལེབ་ཀྱི་པར་རིས། [M] གྲེང་ཀྲོའུ། ཧོ་ནན་ཚན་རིག་ལག་རྩལ་དཔེ་སྐྲུན་ཁང་། 2021.

གཉིས། དུས་དེབ་ཀྱི་རྩོམ་ཡིག

[1] དབྱིན་ཞང་ཁྲུའུ། ཀྲུང་གོའི་ཆ་ག་པ་སྲྀིའི་ཚན་ཁག་གི་རིགས་དབྱེ་མ་ལག་གི་ཞིབ་འཇུག [J] མཛོ་སྔང་གི་སྐྱེ་དངོས་རིག་པའི་ཕྱོགས་བསྡུས། 1982, (1) : 69—99.

[2] ཅོང་དབྱང་། པའོ་རྨིན། ཁྲིན་ཀྲེན་ཉིང་། མཚོ་སྔོན་ཞིང་ཆེན་གྱི་སྲུར་རིགས་ཀྱི་ཟིན་ཐོ་གསར་པ་དང་དེའི་སྲོག་ཆགས་ཁུལ་གྱི་དབྱེ་ཞིབ། [J] རྒྱའན་ཞི་དགེ་འོས་སློབ་ཆེན་གྱི་རིག་གཞུང་དུས་དེབ། (རང་བྱུང་ཚན་རིག་གི་པར་གཞི) 1999, 27 (ཁ་སྐོན་དུས་དེབ) 187—189.

[3] ཀྲེང་ཀྲི་རྨིན། ཀྲུང་གོའི་ཆ་ག་པ་རིགས་དབྱེ་རིག་པའི་ཞིབ་འཇུག [J] རྒྱའན་ཞི་དགེ་འོས་སློབ་ཆེན་གྱི་རིག་གཞུང་དུས་དེབ། 2003, S2 : 46—58.

[4] ཁྲིན་ཀྲེན་ཉིང་། ཀྲེང་ཀྲི་རྨིན། མཚོ་སྔོན་ཞིང་ཆེན་གྱི་དེ་ཐེའི་ཆ་ག་པ་ནི་རིགས་རྒྱུད་གསར་པ་ཞིག་ཡིན། [J] སྲོག་ཆགས་རིགས་དབྱེ་རིག་གཞུང་དུས་དེབ། 2009, 34(1) : 137—139.

[5] ཀྲེང་ཀྲི་རྨིན། མེང་ཅང་རུང་། ཁྲིན་ཀྲེན་ཉིང་། ཀྲུང་གོའི་ཆ་ག་པའི་ཡོངས་ཀྱི་རིགས་དབྱེ་ཞིབ་འཇུག་དང་རིགས་གསར་གཉིས་ཀྱི་ཟིན་ཐོ། [J] རྒྱང་ཆེའུ་དགེ་འོས་སློབ་གྲྭའི་རིག་གཞུང་དུས་དེབ། 2009, 25(9) : 8—20.

[6] ཧའོ་རུའེ་ལྷུན། པའོ་རྨིན། ཡོ་ཅུན་སོགས། མཚོ་སྔོན་ཞིང་ཆེན་གྱི་ཆ་ག་པའི་ས་ཁུལ་གྱི་གྲུབ་ཆ་དང་སྐྱེ་ཁམས་ས་ཁམས་ཁྱབ་ཚུལ། [J] སྐྱེ་དངོས་རིག་པའི་དུས་དེབ། 2019, 36(4) : 62—68.